品珠赏玉

宝石鉴赏与收藏指南

PINZHU SHANGYU

BAOSHI JIANSHANG YU SHOUCANG ZHINAN

常奇
编著

上海科学技术出版社

图书在版编目(CIP)数据

品珠赏玉：宝石鉴赏与收藏指南/常奇编著.—上海：上海科学技术出版社，2014.1

ISBN 978-7-5478-2035-3

Ⅰ.①品… Ⅱ.①常… Ⅲ.①宝石-鉴赏-指南②宝石-收藏-指南 Ⅳ.①TS933.21-62②G894-62

中国版本图书馆CIP数据核字（2013）第248202号

责任编辑：赵琼艳
封面设计：房惠平
装帧制作：谢腊妹

上海世纪出版股份有限公司
上 海 科 学 技 术 出 版 社 出版、发行
(上海钦州南路71号 邮政编码200235)
新华书店上海发行所经销
上海中华商务联合印刷有限公司印刷
开本 787×1092 1/16 印张 14.5
字数：300千字
2014年1月第1版，2014年1月第1次印刷
ISBN 978-7-5478-2035-3/TS · 136
定价：68.00元

前言

有史以来，人们对珠宝充满了迷信和幻想，并把它同财富、皇权紧密相连。珠宝在成为饰品之前，在巫术和宗教领域里早已占有重要地位。在当今社会，珠宝仍发挥着超越其本质属性的积极作用。商品正是由于黄金与珠宝的介入而显得格外富丽堂皇。中国的玉文化伴随着整个历史进程，至今不但没有消失，更在崭新的物质条件下，依然焕发着前所未有的迷人风采。

现代人生活在大量人造环境中，返璞归真，投入大自然环抱，已成为我们对理想生存空间的一种共同追求。珠宝的天然属性与品质、财产性、装饰性、知识性、趣味性，构成了现代生活消费的热点，充盈着人们的情感世界。晶莹的宝石对于用来点缀美好人生，提高生活质量，展示个人风采有着不可估量的积极意义。孔子曰："君子不可以不学，见人不可以不饰，不饰无貌，无貌不敬，不敬无礼，无礼不立。夫远而有光者，饰也；近而逾明者，学也。"把外貌的美与内在美统一起来，文貌并用，相为表里，乃可起到怡情养性、纯风美俗的作用。在儒家伦理道德观一统天下的中国历史上，人们无限制地追求温仁尔雅的个人德性，和谐团圆的社会环境，珠宝首饰成了人们寄托理想、直抒情怀、缅怀故人的宝物。

我们的祖先曾从玉的本质属性中，派生出可支配人们行为准则的理念，谓之玉有五德："润泽以温，仁之方也；鰓理自外，可以知中，义之方也；其声舒扬，专以远闻，智之方也；不挠而折，勇之方也；锐廉而不忮，洁之方也。"以玉德喻仁、义、智、勇、洁。

如从玉的物性看，实指玉的五个特性，即玉的色泽、纹理、质地、硬度、韧性。

世界上任何一个国家的文化，都与作为装饰的宝石有缘。从古埃及法老墓中发掘出来的饰物，表明当时人们已能应用各种天然宝石加工成不同形状的戒指、项链等装饰品。他们用祖母绿、土耳其石、青金石、玛瑙、花岗岩等制成甲虫式宝石，这是古埃及盛产宝石的缘故。西班牙人为寻找祖母绿而征服了印第安人，并反复探寻祖母绿的原产地。

中国是玉石之乡，《禹贡》、《山海经》、《尔雅》、《穆天子传》、《搜神论》、《述异记》等论著记载的传说故事，虽荒远难稽，而遗文犹存。在长达几千年的封建社会里，上自天子，下至黎民百姓，都以佩玉为时尚。玉石被大量制成各种饰物。武王伐纣时，除宗彝重器外，还掠获了大量的玉器。据《逸周书》记载："凡武王俘商旧宝玉万四千，佩玉亿有八万。"玉器是当时重要的财富，把玉器用来献祭可以通天地，泣鬼神，趋吉避凶，带来福祉。

许多宝石均含有人体所必需的铁、铜、锌、钙、镁、钴、锡、镍等各种微量元素。新兴的现代矿物医学从药理上证实了宝石具有调节新陈代谢、刺激内分泌的作用。宝石特殊的光电效应，可形成一个磁场，使人体发生谐振，各部位器官可更协调、精确地运转，从而稳定情绪，增强快速应变能力。玉石对细菌还有明显的抑制作用。明代著名医学家李时珍在《本草纲目》中，列举了106种玉石类药物，并介绍了内服外敷玉石治病的方法。宝玉石的医疗美容功能记载也极为广泛。东汉时编撰的《神农本草经》共收药物365种，其中矿物药类46种，并著录了这类矿物药的药性和用途。

各种宝石在现代高科技领域内应用十分广泛。金刚石作为半导体元件和高新精密轴承广泛应用于航空航天工业；红宝石是激光元件的主要材料；琥珀是化学工业的基本原料，也是放射性研究领域不可缺少的材料。

用珠宝作饰物，我国最早的文字记载见于《诗经》中的《孔雀东南飞》。全诗多次形象地描绘了珠宝的迷人光彩。“足下蹑丝履，头上玳瑁光，腰若流纨素，耳著明月珰。婀娜随风转，金车玉作轮，踯躅青骢马，流苏金缕鞍。”作者描绘了玳瑁发髻、珍珠耳坠和金车玉轮，充满了对珠宝的赞美之意。

李白在《行路难》中叹道：“金樽清酒斗十千，玉盘珍肴直万钱。”刘禹锡的《春词》曰：“行到中庭数花朵，蜻蜓飞上玉搔头。”白居易《长恨歌》诗曰：“云鬓花颜金步摇，芙蓉帐暖度春宵。”诗中提到的玉盘、玉搔头和金步摇都是古代玉石文化的产物与精粹，是美的化身。

在日常生活中，人们常常把无数美好的事物用珠宝来加以描述。“像宝石一样闪闪发光”，常被用来比作闪亮的精神和品格。“玉不琢，不成器”，《三字经》的这句话早已超出咏物的范围，而成了造就人才的箴言。“宁为玉碎，不为瓦全”、“冰清玉洁”、“玉树临风”，是玉的拟人品格，它象征高尚的风骨、忠贞的气节和优秀的品德。在《古代汉语词典》、《成语词典》、《辞海》、《辞源》中，涉及斜王旁和玉字旁的词汇多达360余条，就连皇帝的“皇”、国家的“国”、帝王的印章“玉玺”等词，无不与此有关。美的东西，往往对人的心灵起到了一种净化的作用，它使人淡泊明志、宁静致远。

珠宝玉石的价值是由接受者与给予者两者对它的喜爱程度及物质的珍稀度来共同决定的。珠宝玉石的艺术品位，是一种思维的凝聚和升华。它的材料选择和表现形态，体现了艺术和物质的融会贯通。在制作设计的取与舍之间，贯注了匠心独特的构思。这是创作者调动了他毕生的经验、心血、天赋、力量后，所形成的艺术风格的结晶。“咏物之作，在于借物以寓性情。”一个简单的图腾，一个自然的模拟，揭示了创作者从具体的物质中找出非物质的美感的追求。

珠宝玉石这种特殊的商品，它包含了整个人世间的真、善、美。我们在鉴赏珠宝玉石时，它无形的内涵也同时在潜移默化地熏陶着我们，让我们热爱生活，创造幸福。在凝视和把玩一块玉时，或在面对珠宝珍品和玉雕工艺品时，千万不要忘了，此时此刻宝玉石也正在你对面观察、审度着你。你对眼前物品的知识究竟掌握了多少？它所暗示的不可言传的神秘构想你是否理解？做工粗犷、造型笨拙的古旧玉制品，反比做工精细、雕琢繁缛的新玉器更受世人赞叹，这又是为什么？这是一种意味深长的对垒。

著名的“和氏璧”，讲述的何尝只是一块玉的故事？卞和为一块“楚山璞”而不幸失去双脚。这种大无畏的精神，感天动地，震撼人心！它讴歌了我们中华民族坚韧不拔、不屈不挠的坚强意志。同时也让人记住从先哲口中发出的谆谆告诫：识物、识人。“完璧归赵”记载的何尝只是蔺相如出使秦国的故事，它颂扬的是一种玉的精神，是人类恪守信约的美德和舍生取义的情操。相玉、识玉、知玉、爱玉、惜玉，这是我们所追求、遵循的德性。

清朝是我国珠宝玉石发展的鼎盛时期。《红楼梦》中以珠宝玉石入诗作画、以珠宝玉石喻示人生、以珠宝玉石作道具烘托气氛比比皆是。第九十二回：“评女使巧姐慕贤良，玩母珠贾政参聚散”中，冯紫英是个珠宝掮客，一颗“母珠”开价是一万两银子。后来借珍珠冯紫英与贾政还发了一通议论。冯紫英讲：“人世的荣枯，仕途的得失，终属难定。”贾政讲：“天下的事都是一个样的理哟，比如方才那珠子，那颗大的，就像有福气的人，那些小的都托赖着他的灵气庇护着。要是那大的没有了，那些小的也就没有收揽了。转瞬荣枯，真似春云秋叶一般。”感慨宦海浮沉，不如淡然仕途。走的时候贾政特地提醒两件东西收好。冯紫英讲：“收好了，若尊府要用，价钱还自然让些。”这是写中国珠宝经纪人行为的典型之作。

在我国的戏剧舞台上，同样如此。珠宝玉石往往起到穿针引线、烘托气氛、塑造人物性格、寄托美好愿望、借题发挥的作用。从曲目来看，直接用珠宝首饰作剧名的也为数不少，如：碧玉簪、拾玉镯、珍珠塔、玉蜻蜓、双珠凤、碾玉观音、杜十娘怒沉百宝箱等。珠宝玉器题材除了戏剧反复上演之外，在冯梦龙、凌濛初、抱瓮老人的笔下，也占有相当的篇幅，在民间广为流传。这是珠宝玉石在特定的文化背景下，对社会伦理、传统观念、群众基础的真实写照。在我国古代，欣赏高档珠宝玉石等艺术品，历来是统治阶级享受的特权。这就确定了珠宝玉石及其艺人必须从属于官府，每个朝代都设有专门机构，专管皇室和政府所需的工艺品生产。一方面分工精细与技术繁缛，刺激着工艺发展，另一方面刻意地求精求细、求奇取巧，反而导致了它本质上形而上学、墨守成规。

在改革开放后的今天，良好的政治环境、腾飞的国民经济、与时俱进的生活质量和提倡和谐的社会人际关系的确立，都无可争辩地印证了社会文明程度在不断得到提升。乱世藏金，盛世弄玉。国内珠宝玉石人均占有率的迅速提升，珠宝玉石收藏热的持续高涨，是昌盛的祥瑞之举，更是炎黄玉文化的传承和拓展，这是历史的延伸。

人类的历程始终处于一种变更与选择的状态。从石头到文化产品，是人们热爱生活的象征。石头的生命是永恒的，人类的追求是永恒的。让我们共同来参与和关注珠宝玉石所带来的物质与精神文明的丰硕果实。

陈长其

目录

第一章　宝石的概念 /1

一、宝石的含义 /2

二、宝石的形成 /6

三、宝石的分类 /16

1．按商业名称分类 /16

2．按商业价值分类 /17

3．按商品属性分类 /17

四、世界主要的宝石产出国 /18

五、我国的宝石资源 /19

六、宝石重量的表示方法 /21

七、宝石选购的注意事项 /22

八、贵金属成分的表示方法 /28

九、镶嵌款式和工艺要求简介 /31

十、戒指手寸 /32

第二章　宝石的性能 /35

一、宝玉石的硬度和韧度 /36

二、宝石的密度 /38

三、宝石的解理 /40

四、宝石的折射率 /42

五、宝石的色散 /43

六、宝石的晶系 /44

七、宝石与放射性 /49

八、宝石的优化处理 /51

九、宝石的人工合成 /52

十、宝石鉴定仪器简介 /53

1．笔式聚光手电 /53

2．放大镜和宝石显微镜 /53

3．二色镜 /54

4．折光仪 /55

5．查尔斯滤色镜 /56

6．热导仪 /56

7．偏光器 /56

8．拉曼光谱摄谱仪 /57

9．分光镜 /57

10．荧光仪 /58

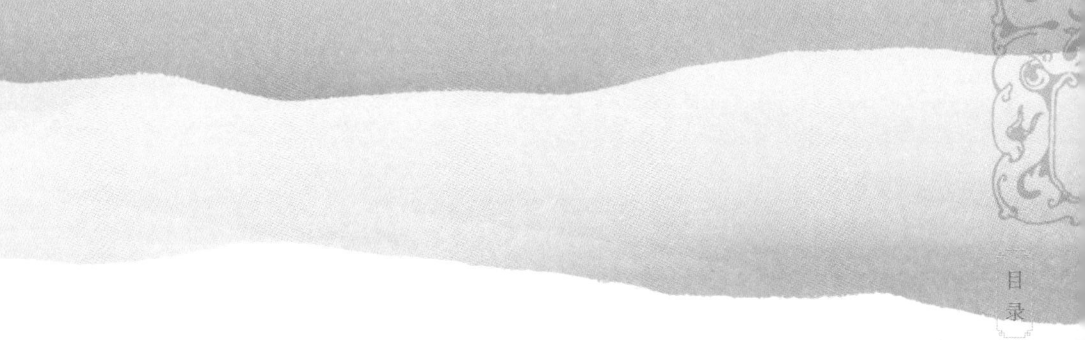

第三章 宝石的价值特征

一、宝石的十大价值要素 /60

1．宝石的颜色 /60

2．宝石的透明度 /67

3．宝石的光泽 /69

4．宝石的闪光性和二色性 /71

5．宝石的辉度 /72

6．宝石的质地 /73

7．宝石的解理、裂隙、棉绺 /73

8．宝石晶体中的杂质、包裹体、残留物 /74

9．宝石的形态 /75

10．宝石的颗粒大小 /76

二、宝石的特殊光学效应 /77

1．猫眼效应 /77

2．金星效应 /78

3．星光效应 /79

4．方位效应 /80

5．游色效应 /81

6．变色效应 /81

7. 荧光 /82

8. 双折射 /83

9. 多色性 /83

10. 光彩效应 /83

第四章　宝石加工简介

一、宝石的琢磨 /86

二、宝石的抛光 /93

三、宝石琢磨及抛光原理 /95

四、平面雕刻 /97

1. 平面雕刻工艺品的属性 /97
2. 平面雕刻工艺品的制作特色 /98
3. 平面雕刻工艺品的杰出代表人物陆子冈 /99

五、珠宝饰品的归类和趋向 /101

第五章　常见的矿物宝石

一、钻石 /104

1. 钻石的特征 /105
2. 钻石的“4C”标准 /107
3. 钻石的经典琢磨款式 /115
4. 选购钻石注意事项 /116
5. 钻石的仿制优化处理 /117
6. 钻石价格的认定 /119
二、红宝石、蓝宝石 /122
1. 红宝石、蓝宝石颜色的构成 /123
2. 红宝石、蓝宝石的产地 /125
3. 红宝石、蓝宝石的真伪鉴别 /125
4. 红宝石、蓝宝石的优化处理 /126
三、祖母绿 /128
四、金绿宝石 /131
五、海蓝宝 /134
六、电气石（碧玺）/136
七、尖晶石 /138
八、石榴石 /140
九、黄玉（托帕石）/142
十、水晶 /144
十一、欧泊 /146
1. 欧泊的分类 /147

2．欧泊的变彩 /147
3．仿制欧泊种类 /147
十二、橄榄石 /148
十三、芙蓉石 /150
十四、月光石 /151
十五、锂辉石 /152

第六章　常见的有机宝石

一、珍珠 /156
1．珍珠的构成 /156
2．珍珠的分类 /158
3．珍珠的工艺 /160
4．珍珠的产地 /160
5．珍珠的人工养殖 /161
6．珍珠的染色 /163
7．珍珠的仿制 /164
8．珍珠的保养 /164
二、琥珀 /166

1．琥珀的形成 /166
2．琥珀的颜色特点及外形特征 /167
3．琥珀的产地及物质特性 /168
4．琥珀的仿制品、代用品及人工处理 /170
三、珊瑚 /171
1．珊瑚的特征及生长分布情况 /171
2．珊瑚的加工工艺 /173
3．珊瑚的优化处理 /174
4．珊瑚的保养 /174
5．珊瑚作品赏析 /175
四、象牙 /176
五、贝壳 /180
六、犀角 /182
七、玳瑁 /184
八、砗磲 /185
九、煤精 /186
十、海柳 /187

附录

附录一　上海滩珠宝首饰行业的起源及发展史 /190

1．上海滩珠宝业的由来 /190

2．珠玉彙市的形成 /192

3．茶水酿分裂　新址成鼎足 /194

4．新中国成立以来行业情况 /197

5．珠玉彙市的新生 /197

附录二　珠玉彙市的趣闻轶事 /203

1．办珠玉业小学 /203

2．庆祝联欢 /203

3．年关躲债 /204

4．尿坑石珠宝店 /204

5．按老规矩做 /205

6．一对夜明珠 /205

7．翡翠大宝塔 /205

8．珍珠塔 /208

9．上海滩钻石趣闻 /208

10．“卅二万种”翡翠的来龙去脉之一瞥 /209

附录三　银楼业在上海的诞生与发展 /212

第一章

宝石的概念

一、宝石的含义
二、宝石的形成
三、宝石的分类
四、世界主要的宝石产出国
五、我国的宝石资源
六、宝石重量的表示方法
七、宝石选购的注意事项
八、贵金属成分的表示方法
九、镶嵌款式和工艺要求简介
十、戒指手寸

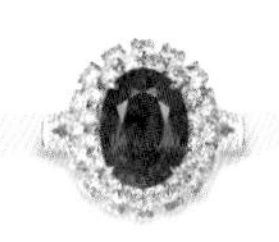

一、宝石的含义

从宝石学看，宝石的概念有广义和狭义之分。

广义的宝石，泛指色彩瑰丽、坚硬耐久、稀少。并可琢磨、雕刻成首饰和工艺品的矿物或岩石，包括天然的和人工合成的，也包括部分有机材料，如珍珠、珊瑚、琥珀、玳瑁、象牙等。

狭义的宝石分宝石和玉石。宝石指的是色彩瑰丽、晶莹剔透、坚硬耐久、稀少，并可琢磨成首饰的单晶体或双晶体，包括天然和人工合成的，如钻石、蓝宝石、祖母绿等；而玉石则是指美丽、坚硬、稀有，并可琢磨、雕刻成首饰和工艺品的矿物集合体或岩石，并分为以翡翠为代表的硬玉和以和田玉为代表的软玉。

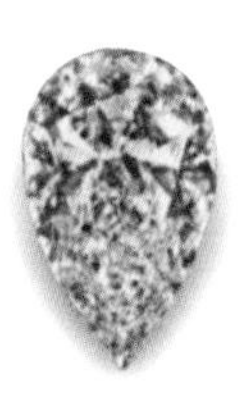

按一定成形要求琢磨而成的各类宝石

仅作简单打磨抛光处理的各种彩色吊坠

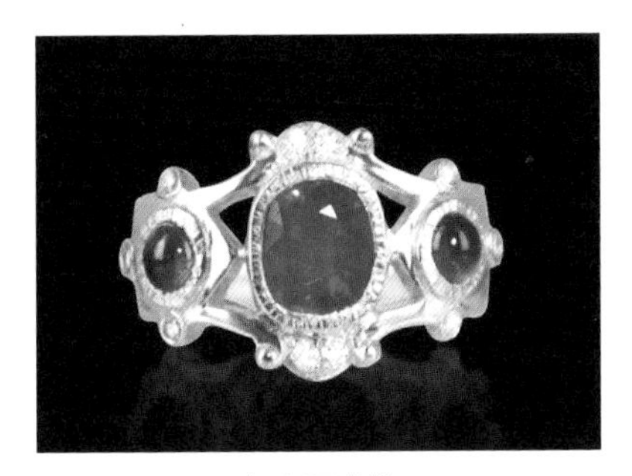
红宝石戒指

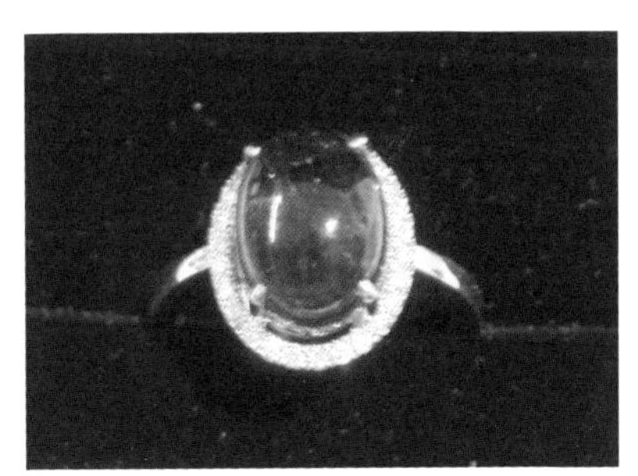
紫晶盘钻戒

本书主要介绍除玉石以外的其他各类广义宝石。

地球上存在一百多种基本元素，这些元素在自然界通过相互作用结合在一起，历经亿万年漫长地质作用形成矿物。矿物可以由一种元素组成，如金刚石，它是由单一的碳元素组成；也可以是由几种元素组成，像翡翠是由钠、铝、硅及铁、钙、镁等成分和一定量的氧组成的辉石类矿物。人们认可的“宝石”材料约占矿物种类 10%。我国目前已探明的宝石品种大概有 200 多种，采矿点多达数千个，是世界上盛产宝玉石的大国之一。

据地质学家推断，目前世界上最古老的岩石约在 40 亿年以前就已形成。在地球破坏力和建造力的作用下，还在不断构成新的地貌特征。借助于大自然的力量，那些五彩缤纷、千姿百态的矿物逐渐被抬到地壳表面，

各种天然宝玉石矿物标样

从充满神秘和黑暗的长眠中苏醒过来，然后通过无数人的辛勤挖掘以及无数次的筛选、设计、制作，最终成为精美的首饰。

翁文灏先生在为章鸿钊《石雅宝石说》一书所作的“石雅再刊序”中指出：国人喜好石与玉石，将其多方利用，制成各种器物。此喜好几不为海外所知。国人好石并非专达功利之目的，亦非供工业之用，而纯出于对此类天然雅物之青睐，加之能工巧匠之善于雕琢美化。利用石料天设地造之千姿百态，经手工雕琢而成。谁见了这些雅物不倍加赞叹呢？

由于受经济利益的驱动，有些不法商人会千方百计进行宝玉石的仿造、复制、复合再生。而我们的检测认知过程往往显得相对幼稚和滞后。正因为有了众多的谜团和疑问，更迫使我们去不断更新现有知识面，去寻觅前因后果，并借此不断温习历史进程中人与自然的共存博弈，常识常新，物我玄会。

新疆和田白玉原籽

用各种天然宝石镶嵌而成的三件套饰品

宝石镶嵌饰品（陈文凯设计制作）

翡翠嵌宝戒
（陈文凯设计制作）

红珊瑚挂件

南非产金刚石原石

缅甸翡翠原石待加工原料

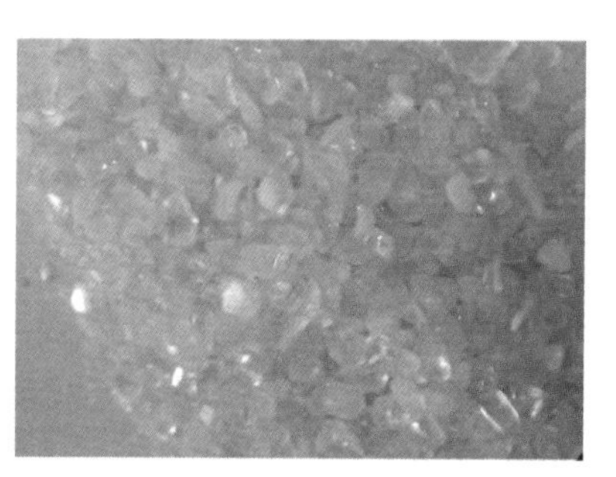

云南白水晶颗粒原料

二、宝石的形成

在地表以下 25 千米到 70 千米的深处，存在着灼热的熔融物质——岩浆。岩浆带处于地壳的最深处，目前还无法观察得很清楚。宝石的生成尽管很复杂，千变万化，但它们仍是一种统一的、有迹可循的、依次不间断发展的过程。在岩浆初始分异过程中，只有少数金属元素能够遗留在岩浆中形成岩浆矿物，我们称之为超基性岩（包括橄榄岩和辉岩类的岩石）。它们主要是由铁、镁等物质所组成，这类岩石一般颜色较深暗，常呈深绿、绿褐或黑色，形成单矿或近似单矿岩，且比重很大。矿物位于侵入体的最深部，因早期结晶时一些较重的物质下沉到岩浆体的底部所致。金刚石和铂金便是由此生成的（包括红宝石、蓝宝石、铁铝榴石等）。与之相关的

山东蒙阴金伯利岩矿

金刚石颗粒原石（典型的八面体晶形）

金刚石属等轴晶系，晶形主要有八面体、菱形十二面体、立方体、六四面体等，其中以八面体较为常见。化学成分主要是碳原子（C），无色透明或带浅蓝、黄、褐、黑等色，具强金刚光泽。硬度10，比重3.47—3.56，产于基性岩或超基性岩（火成岩、橄榄岩）中，共生矿物有石墨、橄榄石、铬铁矿、磁铁矿、赤铁矿等。基性岩和超基性岩均属火成岩中的深成岩或喷出岩，在地面上分布不广，和其他岩石比较是极为有限的。

山东蓝宝石晶体原石（玄武岩内矿物）

越南红宝石颗粒

缅甸蓝宝石晶体标样（典型的桶状晶形）

缅甸红宝石颗粒

红宝石、蓝宝石同属三方晶系，结晶体在矿物学上称之为刚玉。蓝宝石的产出与火成岩密切相关，地壳深处的熔融岩浆在巨大压力的驱动下被提升向上时，以捕虏晶形式在喷出的火山岩中形成结晶而带至地面，晶体常呈桶状六方晶系出现。纯刚玉则为无色或白色的颗粒。刚玉的化学成分是三氧化二铝（Al_2O_3）但自然界产出的刚玉或多或少会含有各种杂质，其中比较常见的有铬（Cr_2O_3）、铁（FeO、Fe_2O_3）、锰（MnO）、镍（Ni）、钒（V_2O_5）、钛（TiO_2）等。这些杂质成分的金属元素，或以等价，或以异价替代铝的成分，正是这些杂质元素的存在使刚玉具有了不同的颜色。

岩石有金伯利岩和玄武岩。这种由岩浆凝固而成的岩石叫火成岩。其主要矿物岩有橄榄石、辉石；次生矿物有蛇纹石、长石、石榴石、铬尖晶石、方解石、云母等。按构成物质不同，地质学上又赋予了玄武岩、辉长岩、花岗岩、安山岩等称呼。

岩浆在缓慢冷却过程中，产生了一种液体，它在气体压力的作用下，渗透到地壳的裂缝里，并在那里形成矿床。由于处在地壳深处，冷却缓慢，这给宝石的形成提供了有利的生长条件。液体中富含一些挥发性的元素，其活动能力远比在固体中大，因而能形成较大的晶体。在地质学上把这类矿物称之为伟晶岩矿床。大量的宝石均生成于伟晶岩中，像海蓝宝、电气石、托帕石、锂辉石、金绿宝石、石英、长石、水晶、石榴石等。当岩浆进一步冷却时，由于矿化剂的作用，便形成电气石、托帕石、绿柱石等气成期伟晶岩矿物。同时，由于挥发性物质与围岩接触的结果，又产生了变质作用，蚀变带中就孕育成翡翠、红宝、蓝宝、祖母绿、变石等矿物。岩浆继续冷却，挥发性物质逐渐液化变为热水溶液，并由此形成多种热液矿物，最典型的有水晶、石英等。

巴西电气石（碧玺）矿物
（花岗伟晶岩型矿物）

绿英石晶体（伟晶岩矿物）

水晶晶体（伟晶岩矿物）

白玉马鞍戒（产于新疆昆仑山北麓花岗岩与大理岩接触带附近）

新疆碧玉原石（变质岩矿物）

碧玉是一种以细粒的石英或玉髓为主所组成的岩石，常含有许多混合物，如赤铁矿、绿帘石及绿泥石等。是种稍经变化了的硅质玉髓，或有着显著变质象征的岩石。

玛瑙圆环（变质岩次生矿物）

石膏晶簇：《沙漠玫瑰》

产于热液或接触带矿床中，属单斜晶系。晶形常呈燕尾式双晶出现，经水化作用后可变为硬石膏，加热至107℃时变成熟石膏。其解理面呈玻璃或珍珠、蛋白光泽。含有纤维状物质时可磨出猫眼效应来。硬度1.5～2，比重2～3，系硫酸钙（$CaSO_4$）矿物。

岩浆受到地球内部高温、高压和重力以及太阳系中其他星体作用力的影响，沿着地壳薄弱处突破，便形成火山爆发。岩浆在喷发过程中，有的在接近地壳的地方凝固，有的在地壳深处凝固，也有的在上述两者之间凝固。火山爆发时，大量的挥发性物质被带到地表，经风化、沉积，形成了如玛瑙、欧泊、碧玉等次生矿物。最终的造山运动，使岩石的成分又完全被重新组合，形成了新的区域变质带。较常见的有红宝石、蓝宝石、铁铝榴石、优质碧玉等。这些由玄武岩喷出的岩石分布比较广泛，而且大都为复矿岩，我们称之为基性岩，它包括辉长岩、辉绿岩等，含有大量的二氧化硅、三氧化二铝和氧化钙。

地表的岩石由于长时间受到风化、侵蚀、生物作用和火山作用，逐渐变成分散的颗粒，并被水流夹带到低处，在千百万年的漫长岁月中，层层堆积的物质在它的底部就形成了沉积岩，又称水成岩，是由低温低压条件下经搬运沉积成岩。地壳的运动从未间断过，火成岩和沉积岩又通过相互之间的接触、交代、变质、热液等作用，在结构和化学成分上发生了新的变化，形成了新的矿物组合，我们称之为变质岩。大量的玉石也由此孕育而成，如和田玉、南阳玉、木变石、玛瑙、蛇纹石等。变质岩按其矿物组成、含量和结构构造，又可分为板岩、片岩、石英岩等。

玛瑙原石剖面（郑一星收藏提供拍摄）

玛瑙系玉髓等矿物的集合体，常混有蛋白石和隐晶质石英。由不同颜色的玉髓和石英或蛋白石构成其条带状、同心状的纹理构造。这些二氧化硅矿物主要生成于火成岩空洞中，以胶体形式依次连续沉积，固结后出现弯曲的彩色条带，这是其中的杂质、色素在胶体二氧化硅中扩散所造成的。中心部分空洞内有水，就称之为“水胆玛瑙”，这是内部蒸汽凝聚而成。此标样内部中心处就有冷凝水存在。

岫玉（蛇纹石）手镯断梗

岫玉（蛇纹岩）主要是由超基性岩之橄榄岩、纯橄榄岩及一部分辉岩所组成，此类变化主要是受到热液影响。标准的蛇纹岩我们可清晰地看到内部所呈现的各种不同的绿色条纹，颜色可由橄榄绿至深绿色乃至于近乎黑色（系由微小的分散磁铁矿所致），有时为黄色、浅褐色。蛇纹石硬度不高，大约在3～5，比重2.4～2.8，是比较普遍的软玉品种，尚有叶蛇纹石和纤蛇纹石之分。又可以由普通角闪石、透闪石等蚀变产生，也可以因含二氧化硅的白方岩而生成，各地产出有其自身特点。

木变石饰件（原有人件头部损坏后，稍作修整而制，加工成“鱼”件）

木变石亦称老虎石或虎睛石，是指黄色至褐色的硅化青石棉（因含氧化铁成分呈黄色），蓝色的硅化青石棉称为鹰睛石，红色的硅化青石棉称为红睛石。有丝绢光泽可磨出猫眼效果来。

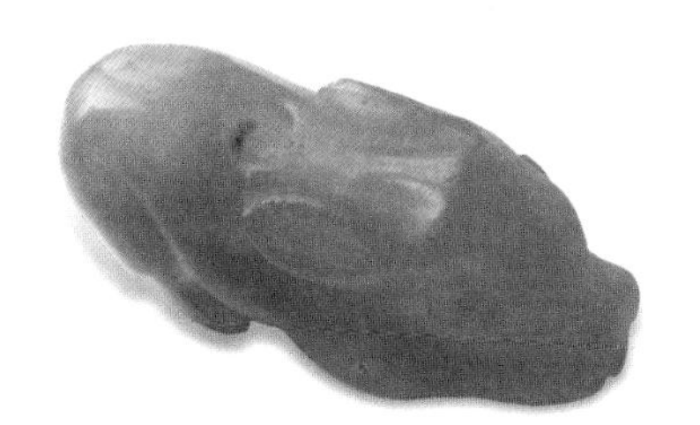

岫玉握件：《卧兔》（出土古玉）
（张正建收藏）

智利产青金石原石（生成于浅变质岩内矿物）

经加工后的山子雕成品摆件

青金石矿物系由青金石、方解石、黄铁矿、透辉石等矿物组成，其中以青金石矿物为主。属方钠石族等轴晶系岩石，硬度5～6，比重2.3～2.5，不透明。智利青金石因含母岩成分多，有白色或灰色条纹构造，不如阿富汗青金石来得纯净、亮丽。

宝石还有一个形成途径，便是通过表生淋滤，形成坡积、淋积宝石矿床。这是原生岩石或矿床经化学风化作用，使各种矿物发生分解，其中易溶于水的成分融入地表水，部分随地表径流逐渐流失，部分则在有利的地形条件下进入原岩裂缝中向下淋滤至合适部位，与原岩或原矿床内的物质产生交换、融入、溢出，形成新的有用的矿物聚集体——风化淋滤矿床。由于表生淋滤作用，往往聚集了各种高质量的宝石，较有价值的宝玉石如绿松石、孔雀石、贵蛋白石、玉髓等。

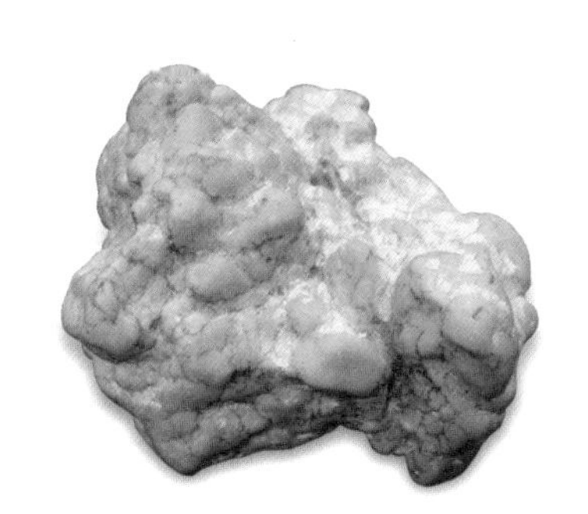

绿松石矿物原料

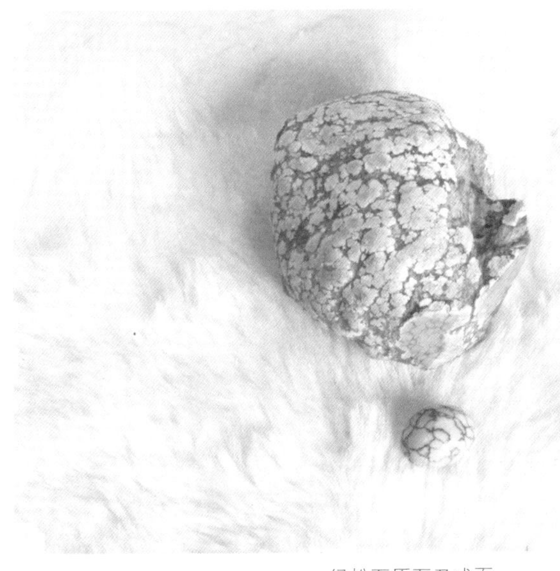

绿松石原石及戒面

绿松石是种含水的铜铝磷酸盐矿物，属三斜晶系。绿松石晶体极为微小，在高倍显微镜下方能看到鳞片状构造。绿松石的颜色有天蓝色、淡蓝色、绿色和黄绿色。呈蜡状光泽，较为暗淡，不透明。矿体为不规则的块体，硬度5～6，比重2.6～2.83。

孔雀石摆件：布袋和尚

孔雀石又名石碌、青琅玕，是种含水的碳酸铜矿物次生氧化物，属单斜晶系。晶体呈斜状、柱状、纤维状、晶簇状块体等。有条纹状孔雀绿或绿色呈现。普遍产于铜矿上部的氧化层，特别是在石灰岩区域内的铜矿氧化带。

孔雀石原石（湖北大冶铜矿，含磁铁矿的孔雀石）

葡萄玉髓矿物（产于湖南郴州）

葡萄玉髓戒指

胆矾晶簇（产于甘肃铜矿内干燥区域）

天青石晶洞（产于非洲石灰岩矿物，系溶出物结晶体）

而另一类有机宝石，指的则是一些与生物密切相关的完全由有机物质和无机物质构成，或两者兼存的天然宝玉石材料。

宝玉石材料的形成是个漫长而又神奇的过程。它的物理和化学特性取决于其形成过程中岩浆活动、地热、地压、太阳能、水、大气和生物等。了解不同宝玉石特有的形成机理、有助于明确宝玉石的特性和采撷对象。

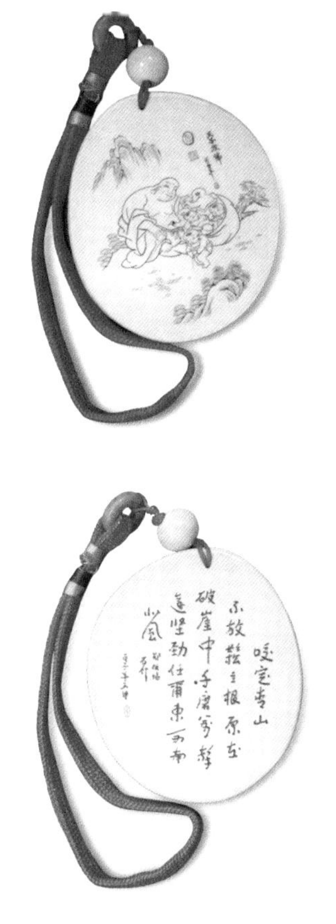

象牙挂件：人物头像（严展提供并拍摄）

胆矾晶簇

当水溶液沿任何表面流动时，由于蒸发而将所含的物质沉淀出来，形成圆柱状或圆锥状的物体，晶体通常为块状、钟乳状、肾状等。属三斜晶系属于铜硫化矿藏氧化带次生矿物。色蓝，有时微带浅绿，有白或淡蓝色条纹，呈玻璃光泽，硬度2.5，比重2.1～2.3，易溶于水，加热后水分失散，变为白色。

三、宝石的分类

宝石的分类从地矿学角度来讲，利用现有的高科技测试手段，要取得共识还比较容易。但在商业流通领域，显然要复杂得多，原因很多。试举一个例子：像刚玉类宝石，它的主要成分是三氧化二铝。当我们把质量上乘、透明度高的那一类，琢磨成刻面成品，就叫红宝石、蓝宝石。如果把半透明、不透明的那一类琢磨成弧面型（无割面型）就称之为红刚玉、蓝刚玉。如果圆弧形弓面琢磨后出现几条星线，又称之为星光宝石。再从颜色来看，刚玉宝石除了红色之外，均称为蓝宝石。在国际商贸中以前把浅红色、粉红色也通称蓝宝石。直至 1989 年 5 月在第三届国际彩色宝石协会年会上，才取得一致意见，把它们划入红宝石范畴，这一结论争议了整整半个世纪。

常见的宝玉石商品名称有以下几种传统称呼：

1．按商业名称分类

（1）以产出国命名：缅甸翡翠、南非钻石、哥伦比亚祖母绿、巴西玛瑙、阿富汗青金。

（2）以译音或外来语命名：鲁宾（红宝石）、托帕石（黄玉）、埃姆莱（祖母绿）、欧泊（蛋白石）、安沛（琥珀）。

（3）以颜色命名：紫晶、海蓝宝、橄榄石、绿松石、猪肝石。

（4）视外观特征命名：孔雀石、老虎石、石榴石、月光石、葡萄玉髓、梅花玉。

（5）以所具物化特征命名：木变石、电气石、煤晶、碳化硅、磷灰石。

2．按商业价值分类

（1）高档宝石包括：钻石、红（蓝）宝石、祖母绿、猫儿眼（金绿宝石）、变石（亚历山大石），俗称“五大宝石”。也有归纳为七大宝石：钻石、红（蓝）宝石、祖母绿、金绿猫眼、变石、翡翠、珍珠。

（2）中档宝石（也称半宝石）包括：碧玺（电气石）、海蓝宝和绿宝石（绿柱石）、托帕石（黄玉）、橄榄石、水晶、石榴石、尖晶石、青金石、绿松石（松耳）、玛瑙、木变石（老虎石、虎睛石、鹰睛石）、孔雀石、欧泊（蛋白石、月华石）、珊瑚、琥珀、芙蓉石（祥南、石英石）。

3．按商品属性分类

（1）天然宝石：指天然形成的矿物单晶体物质。

（2）合成宝石：具有与天然宝石相同或近似的化学成分、物理性能和内部结构的人造产品。

（3）人造宝石：通过人工合成，在自然界无相应天然矿物的仿制、模拟产品。

（4）代用宝石：利用琉璃、料器、陶瓷、塑料、玻璃等廉价材料仿制的替代工艺品。

（5）再生宝石：利用天然矿物，经粉碎处理，通过着色、粘结、压制等方法生产出来的近似产品。

（6）B货翡翠：指经强酸浸泡去除杂质，再行注胶加固处理后的翡翠制品。在此基础上同步进行染色处理的，俗称“B+C”翡翠。未经酸洗而加以染色、添色、加强色的翡翠，称C货翡翠。

欧泊（蛋白石）戒指

欧泊虽然不是晶质体，也不具备晶质体的质点规则排列形式，但它内部的氧化硅球状颗粒系按六方或立方紧密堆积，在球状体空隙间又填充有水和空气，欧泊的变彩即与此内部构造有关。当光线透入欧泊后，就可能对可见光发生衍射现象。因光线的波长各异，从而形成从不同方向观察时，颜色就会随之发生变化，产生色泽的游移效果。

四、世界主要的宝石产出国

世界上大型宝石矿主要集中在非洲、亚洲、南美洲和澳大利亚。非洲大陆的宝石矿产资源异常丰富，产出有金刚石、祖母绿、紫水晶、金绿宝石、海蓝宝、橄榄石和多种榴石，尤其是金刚石资源在世界上占有领先地位。亚洲是世界上最古老最主要的宝石来源地区之一，缅甸、斯里兰卡、泰国、印度、柬埔寨、巴基斯坦、阿富汗、伊朗、中国等国家盛产有世界优质的红宝石、蓝宝石、翡翠、金绿宝石、变石、绿松石、青金石、金刚石、海蓝宝、尖晶石、碧玺、石榴石以及各种优质软玉。南北美洲的巴西、哥伦比亚、加拿大等国，美国的缅因州和加利福尼亚州，产出有著名的托帕石、海蓝宝、碧玺、金刚石、祖母绿、紫水晶、蔷薇辉石、金绿宝石等。澳大利亚富产欧泊、红宝石、蓝宝石、金刚石、祖母绿、澳玉、托帕石等十几种宝玉石。其中欧泊几乎是澳大利亚的代名词，行业内简称“澳宝”。澳大利亚蓝宝石在国内市场也占有很大的覆盖率，有替代斯里兰卡和泰国蓝宝石的趋势。我国新疆阿勒泰、可可托海地区的各种半宝石，江苏的石榴石，辽宁瓦房店金刚石已经被列入世界主要著名产地。河北、吉林等地的橄榄石，山东的蓝宝石，东海的水晶，都可同世界同类宝石产品相提并论。

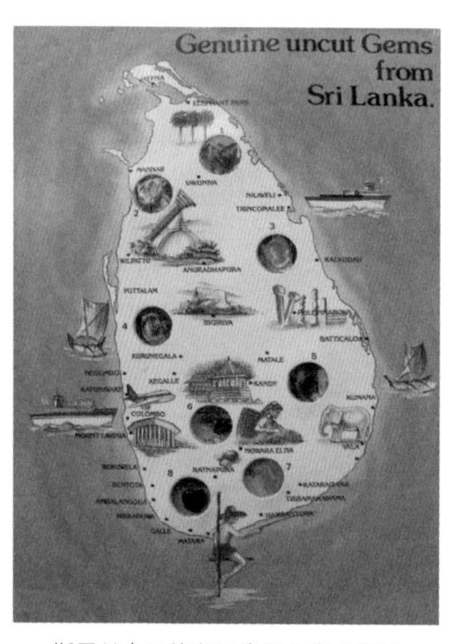

斯里兰卡天然宝石资源分布示意图

五、我国的宝石资源

世界上存在的 2 000 多种矿物中，具备宝石条件的只是极少数。从区域地质构造特征和地理分布特点看，我国西南边境的云南和西藏南部，经我国的新疆到斯里兰卡、阿富汗、伊朗这一狭长带状地区属阿尔卑斯－喜马拉雅构造带，是世界宝石主要产区之一。我国地域辽阔，地质背景多样复杂，宝石成矿条件优越。我国东部富含新生代玄武岩，自南而北绵延海南、福建、江苏、山东、湖南、辽宁等省。我国西部可可托海和阿勒泰地区花岗伟晶岩成群出露，富含宝石矿物达 74 种之多，素有“宝石之乡”的美称。江苏的红石榴石和东海县的水晶，吉林蛟河市的橄榄石，山东昌乐地区的蓝宝石，湖北郧县的绿松石，新疆的电气石、海蓝宝、紫水晶、和田玉，云南的红宝石、绿柱石，青海的祁连翠、玉髓，辽宁瓦房店的金刚石等都十分有名。尽管某些矿物质量还达不到名贵宝石级，但还是具有一定的开采使用价值。

表 1-1　中国宝玉石矿产资源的主要地区和品种

地区	主要宝玉石资源
新疆	红宝石、蓝宝石、祖母绿、海蓝宝、托帕石、碧玺、石榴石、水晶、月光石（阿尔泰山为主） 和田玉、昆仑玉、玛纳斯碧玉、绿松石、孔雀石、芙蓉石、玛瑙（昆仑山脉为主）
云南	海蓝宝、托帕石、孔雀石、玛瑙、琥珀、蛇纹石之类（哀牢山、保山一带） 芙蓉石、金绿宝石、绿帘石、蓝晶石、黑碧玺（高黎贡山宝石山一带） 祖母绿、石榴石、水晶、蓝玉髓、蛋白石、碧玉（马关麻栗坡宝石带）
黑龙江	红宝石、蓝宝石、祖母绿、石榴石、水晶、玛瑙、碧玉、蛇纹石质玉、叶蜡石
吉林	橄榄石、水晶、琥珀、玛瑙、煤晶、黑曜石、冰洲石
辽宁	金刚石、石榴石、橄榄石、玛瑙、水晶、琥珀、煤晶、岫玉
河南	独山玉、密玉、木变石、绿玉、梅花玉、芙蓉石、玛瑙、水晶、石榴石
湖北	金刚石、刚玉、绿柱石、碧玺、水晶、绿松石、孔雀石、玛瑙、米黄玉、菊花石
湖南	金刚石、海蓝宝、金绿宝石、水晶、玛瑙、芙蓉石、桃花石、大量的观赏石等
福建	刚玉、金绿宝石、金红石、碧玉、托帕石、石榴石、琥珀、玛瑙、萤石
广东	托帕石、水晶、碧玺、珍珠、玳瑁、信宜玉、孔雀石、硅孔雀石
海南	红宝石、蓝宝石、红锆石
山东	金刚石、蓝宝石、水晶、玛瑙、观赏石类、砚石等
江苏	金刚石、红宝石、蓝宝石、石榴石、尖晶石、锆石、水晶、蔷薇辉石
浙江	玛瑙、玉髓、青田石、昌化石、鸡血石、珍珠
青海	红刚玉、蓝刚玉、绿柱石、碧玺、芙蓉石、格尔木玉、青海白玉、碧玉、祁连翠

六、宝石重量的表示方法

克拉作为重量单位，起源于欧洲地中海边的一种角豆树种子，盛开淡红色的花朵，豆荚结褐色的果仁，每一颗重量均一致。在历史上这种果实被用来作为测重的砝码，久而久之便成了一种重量单位，用它来称贵重和细微的物质。1907年，在巴黎举行的公制会议上商定“克拉”为宝石和黄金的计量单位，沿用至今。钻石的克拉计重在国际上是公认的，但某些高档宝石，像红宝石、蓝宝石、金绿宝石、碧玺等，目前也在使用克拉作为计量单位，以实际称重乘上每克拉单价，也就是这一粒宝石的价格。

1914年，国际上把“克拉”的标准重量定为200毫克。1克拉等于0.2克，5克拉才是1克重，142克拉等于1盎司。古书中的克拉与现在的克拉有所不同。古书中1克拉约为205.3毫克，如果换算成公制克拉则应除以1.026 5。各国或各地区的克拉值也不完全相同。1克拉又分成100分，0.01 ct也就是1分，也有把1/100克拉称为“磅音”(point)，国内尚未有此说法。常规称呼：0.20 ct称为20分，0.30 ct称为30分，0.45 ct称为45分，0.50 ct称为半克拉，1.50 ct称为1克拉半……可依次类推。在钻石交易中又人为地分为若干重量等级，称为“克拉台阶”，也就形成了一个价格系统。

克拉与K，从英文拼读来看，系一个单词——carat，表示珍贵宝石重量时译成克拉，缩写成ct或cts；而在表示金子的含量比例时，为了在使用中不致混淆，才用克拉的希腊文单词keration中的第一个字母K来代表黄金的纯度，即K数，中文称“开”。

七、宝石选购的注意事项

过去，人们对宝石的向往，只能说是一种美好的憧憬，如今已逐渐得到普及。一般的商品，我们只要看一看，摸一摸，试一试，与同类商品作一比较，便可知道它的好坏、贵贱。宝石则不然，它的价值、价格消费者自己较难判断，有的甚至连真假都分不清。市场上以假乱真、鱼目混珠的事时有发生。如果这些替代品只是为了满足人们的审美情趣，扩大首饰品种，应当说价廉物美的假首饰也不失为一种很好的工艺品。但是如果把仿冒宝石说成是真品，以此来蒙骗消费者，谋求高额利润，这不但损害了消费者的利益，也失却了经营职业道德，则应当予以抵制和揭露。

那么，我们在选购嵌宝首饰时应当注意哪些问题呢？首先应当了解该商店的信誉和营业员对珠宝商品的熟悉程度，他们对你所提问题的答复是否合情合理；其次，注意看一下商店对宝石制品是否提供详尽的说明，表示宝石质量好坏、价格高低的标志是否一目了然；还有对商品的售后服务是否热情诚信，如果具备了以上这些条件，一般来讲还是比较可信的。

在挑选宝石饰品时我们不妨从以下几个方面去辨别一下真假：

(1) 宝石的色泽是否真实。色应观其神采。真宝石在各种光线下，从各个角度去观赏，它的光芒会随之变化。天然宝石的色彩隐跃莹聚，有宝气，有灵性，有神韵。人造宝石则越看越逊色，越看越没神，有色无光，赝庶各不相同。“水淋珠子天然白，日照珊瑚骨里红。”真的假不了，假的真不了。

(2) 各种宝石的质地不一样。一般来说坚硬、致密、沉手的就比较可信。

拿在手上轻飘飘的，缺少明显色源和聚光效应、暗淡的就不太好。里面如有气泡，背面、边缘没有打磨、抛光痕迹的一般都是仿冒制品。

(3) 如果是成品首饰，我们还可以琢磨一下它的镶工。匹配的材料也可作为判断真假的参考依据。钻戒一般都是用铂金、K 金镶嵌而成，做工精致讲究。如果是用银镶，稀金、铜材等作戒脚、底托，这就不符合逻辑了。“好马要好鞍”、“象牙筷配金饭碗”，其他宝石的真假也可以从镶工上加以举一反三的掂量。

(4) 过分完美的宝石，我们也应特别小心。因为一般来说，天然宝石是自然界的产物，难免带有杂质，有细碎不易察觉的裂纹，颜色不够理想等。这也正说明这是自然石的有力证据，是一种缺陷的美，是一种充满神秘和遐想的美。有人认为用舌头试试冷暖或用滴水方法等都是没有科学依据的。

除了天然宝石之外，我们把一切类似的宝石形态都称为仿制品，它的出现大致可分为以下几类：

(1) 仿冒宝石。一般都是以玻璃、塑料、陶瓷等为原料制成。多数制品均未经琢磨、抛光等工序，直接用模具压制而成。这些制品只求颜色和形状相似，仔细观察它的外观形态和真宝石的效果是截然不同的。

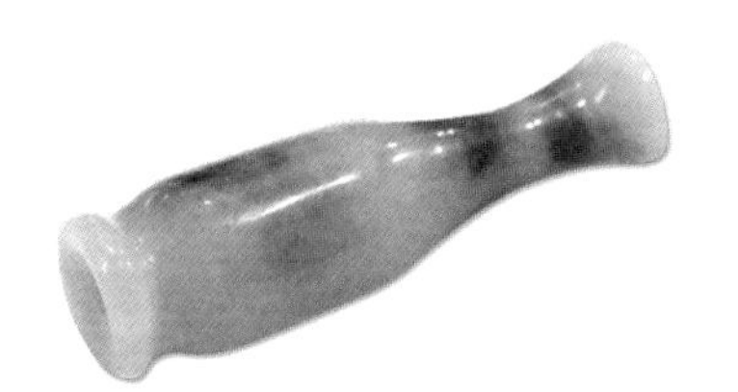

仿翡翠制品（料器）

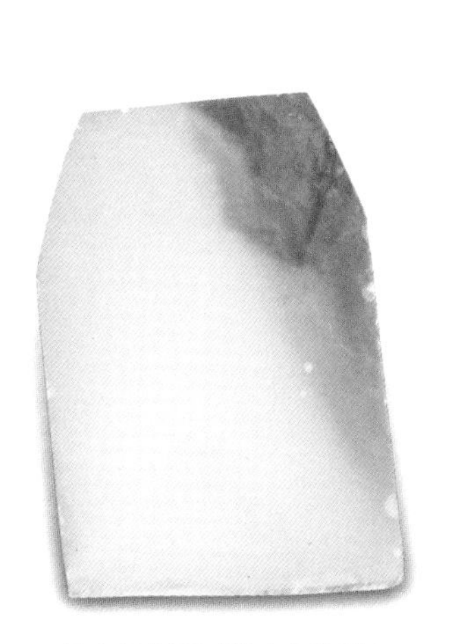

仿白玉原料（粉末压制品）

玻璃纤维仿制品

（2）代用宝石。用呈色、透明度等外观特征酷似的天然宝石作代用品，如锆石代替钻石，红色的电气石或石榴石代替红宝石，马来西亚玉、霞石、贵翠代替翡翠等。

青海翠挂件（昆仑玉）代替翡翠

阿富汗白玉（方解石）代替白玉

绿色东陵石（印度产，含铬云母绿色石英岩）代替翡翠

新疆黄口料（石英岩质玉髓）代替黄玉

(3) 合成宝石。它是以天然宝石为依据，用与这种宝石相同成分和相同性质的材料，用人工合成的方法制造出来的。目前人工合成宝石已知的有祖母绿、红宝石、蓝宝石、金绿宝石、翡翠、青金、珊瑚、玛瑙、蛋白石、孔雀石……似乎绝大部分自然石都可以在实验室里合成。但天然宝石毕竟是经过千百万年的漫长岁月，地久天长自然形成的，它和商业行为的批量人工合成宝石相比，那天然属性的痕迹是不同的。无论出现多少更加精美的合成宝石，天然宝石的价格不会因此而降低。

合成红宝石（人造刚玉）

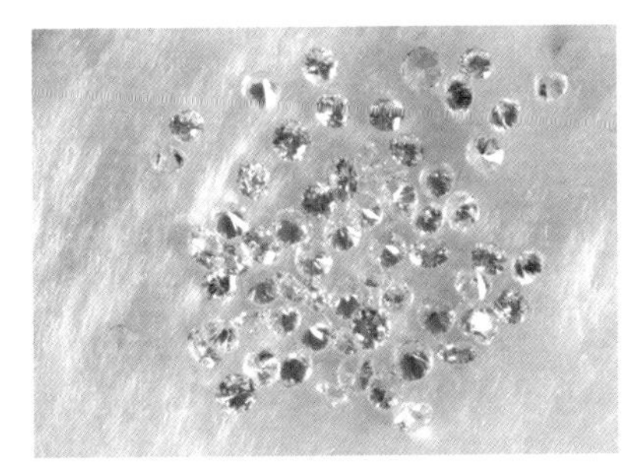

人造钻石（立方氧化锆）

人造橄榄石（稀土玻璃）

人造猫眼（拉丝玻璃制品）

(4) 人工处理宝石。以天然宝石为素材、用人工方法来改变它的颜色和完美度的产品。

① 染色处理：把颜色浅淡、价值低的宝石，使用有机染料来提高它的色泽，一般肉眼较难看出它的真伪。但如果我们用滤色镜、偏光镜、放大镜等辅助工具，仔细鉴别也是可以识别出来的。染过色的宝石，随着时间的流逝，它的颜色会随之变得暗淡。染色也有称作煎色的，将裂纹已由内及表的宝石，浸泡在含有色剂的油里，使宝石颜色变得更加鲜艳，裂纹

也可变得不那么醒目。现在还有用液体塑料来施行这种加工的。

② 改色处理：这种改色处理过程称为氧化还原热处理或辐照处理。它可以通过加温使某些内含物质呈现不同的颜色，也可能改变分子结构排列、晶格错位等方法来获得理想的颜色。某些彩色钻石就是利用中子射线、高能电子和 γ 射线、^{60}Co（钴-60）辐照等方法得到的。对这类高科技手段，检测识别难度较大。

③ 漂白、充填、镀膜：像 B 货翡翠就是经过酸洗漂白，再用树脂充填来改善其净度、颜色。有些宝石及珍珠表面进行了真空镀膜，通过化学气相沉淀，在同质或异质上生长加膜。但与天然宝石相比，它只是一些色泽较差的低档宝石作为素材，人工强行进行改观的短视行径，不可能具有纯天然宝石的收藏价值。

经酸洗染色处理的翡翠（俗称"B + C"货）

经热处理改色的托帕石（黄玉）

染色石英岩手镯

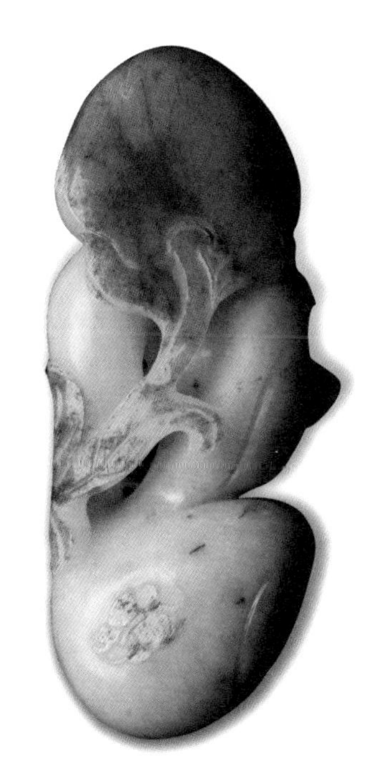

径表面染色的白玉摆件（俗称烧皮）

（5）粘合宝石

用两种不同的宝石粘合在一起，提升某些低档天然宝石的价值，或作为替用品、仿冒品等。

夹层粘合锂辉石猫眼宝

托底粘合的欧泊戒面

八、贵金属成分的表示方法

在我国首饰金中，金子的含量百分比通常有两种表示方法：即“K”和“呈”（或“成”）。旧时银楼，金饰品的印记往往敲有“九呈金”、“七呈金”、“五呈金”、“千足金”、“足金”、“赤金”等字样，现在则以K来表示含金比例。各种K金的含金量如下表：

表1–2　黄金（Au）含量的表示方法

名称	黄金（Au）的含量（%）	名称	黄金（Au）的含量（%）
千足金	99.99	18 K	75.00
足金	99.90	14 K	58.50
24 K	99.90	12 K	50.00
22 K	91.66	10 K	41.70
21 K	87.50	9 K	37.50
20 K	83.33	8 K	33.30

金饰的8个国际标准纯度分别为：999（24 K）、950（22.8 K）、916.6（22 K）、875（21 K）、833（20 K）、750（18 K）、585（14 K）以及375（9 K）。至于银饰，被划分为4个国际标准纯度，分别为：999；925；830；800。

目前市场上首饰材料名称除了黄金、铂金、K白金、银之外，尚有鎏金（金与汞的混合物），包金（KF）、镀金（GP）、钯金（Pd）、稀金（不含黄金成分的合金）等称呼。

表1–3　铂金(Pt)含量的表示方法：

名　称	铂金(Pt)的含量（‰）	名　称	铂金(Pt)的含量（‰）
纯铂金	1 000	铂金	850　750
足铂金	950　900		

表1–4　白银（S）含量的表示方法：

名　称	银(Ag)的含量（‰）	名　称	银(Ag)的含量（‰）
纯银	999	白银	900
925银	925	银合金	500

表1–5　K白金含量的表示方法：

名称	有效成分分析
334	金30%钯30%银40%（40%中还包含有镍、锌、铱、铑、铜等成分）
226	金20%钯20%银60%（60%中还包含有镍、锌、铱、铑、铜等成分）
22 K	金91.6%（其他包括钯、银、镍、锌、铱、铑、铜等金属）
18 K	金75%（其他包括钯、银、镍、锌、铱、铑、铜等金属）
14 K	金58.5%（其他包括钯、银、镍、锌、铱、铑、铜等金属）
9 K	金37.5%（其他包括钯、银、镍、锌、铱、铑、铜等金属）

国家对首饰印记的规定《GB11887–2002》中说明，贵金属首饰只能以一种元素命名。最近推出的钯金首饰，有关部门正在慎重考虑其名称是否用“Pd”符号加上材料纯度来表示，纯度范围为500‰和950‰两种。

市场上还有“玫瑰金”等彩色材料制成的首饰。2000年9月，新加坡研制出“紫金”，基本成分除黄金之外，还包括铝及其他金属，可调淡或偏红，成色为9K。日本和法国有类似紫金的存在，但硬度不足，不适宜多种打

造用途。

在流通过程中，K 所代表的含量比例这一点，被世界各国公认为统一的表示方法，而 K 所表示的重量概念，则越来越被淡化。1 K 为 1/24，即指在 100 克合金中，有 4.166 克金子，上述表中所示 K 金的含量即以 K 数乘以 4.166，得到一近似值。那么以 24 K 表示，上限即为 99.99%，下限不得低于 95.83%，在这两者之间的成色统称为 24 K。英国规定达到 99.5% 以上才称 24 K，南非规定需达到 99.6%，而香港、澳门地区规定只要达到 95.84% 以上就可称 24 K。内地 24 K 一般拼料均在 98.5% 以上，正规企业成色在 99% 以上。中国有句俚语：“七青、八黄、九紫、十赤”，是指通过颜色来区别黄金的成色。

纯金也叫足金、赤金，但金无足赤，要提纯到 99.99% 是很不容易的事情，因此在购买纯金首饰时，有的消费者坚持一定要“99.99%”，意义不是太大，99% 和 99.99% 只差了不到 0.1%。同样道理，铂金 900 和 950，你说 950 成色高，一定好，但这只是“只知然，不知其所以然”。K 金中的 10% 和 5% 要用其他白色贵金属来拼料，如果是铑、铱的成分，其价格比铂还要贵。所以其零售价是一样的，900 硬度高适合做戒指，950 适合做项链，各得其所。

过去验黄金成色是用试金石和对金牌来测试的，现在可以利用“光谱识金仪”，在电视屏幕上直接读数，准确度和效率得到了极大的提高。消费者购买时要看清成色标记和发票内容是否相符，有异议也可到相关部门去进行复验，以确保质量。

九、镶嵌款式和工艺要求简介

镶嵌的目的是以突出宝石为主导，以富有立体造型和艺术感染力为前提，使饰品既符合佩戴要求，又具有整体美感，提高佩戴者自信心。

宝石镶嵌的戒指，是由主体名贵宝石和贵金属制作的戒托两部分所组成。戒托包括指环、止（齿）口和齿脚，并通过焊接成为一体；或通过按设计工艺要求雕制蜡模样板，经失蜡浇铸后熔为一体，供镶嵌宝石后戴在指尖。戒托止口的形式随着人们审美情趣的变幻而层出不穷，有圆形、椭圆形、方形、长方形、多边形、花瓣形、随意形……齿脚可以是尖齿、圆齿、板凳齿、全包边、裙边式等各类款式。戒脚的横截面又有圆形、半圆形、椭圆形、东洋脚、搭花和素身等各种形式。

为了不影响镶嵌后宝石的安全和牢固程度，贵金属成分一般均为K金或硬质合金材料为主，并做成相应指环的内径固定尺寸。而镶嵌宝石的方式又有密镶、群镶、槽镶、硬镶、盘钻镶、随形起钉镶等多种形式。

镶嵌宝石的饰品除了戒指以外，还有挂件、耳坠、领带夹、别针、胸饰、头饰、项链、手链、手镯、脚镯……

嵌宝工艺的要求比较高，包括：宝石与止口必须吻合，齿口高低适中，与宝石大小相符，俯视不露底托。齿尖要紧贴主石，四周齿的定位要均匀对称，齿脚长短粗细要适当，齿尖比齿身要薄、狭，并应匀称地由厚到薄，由粗到细。宝石镶好之后要对称不歪斜，不偏倚，坚固服帖，不松动。饰物整体要光滑，无缝、棱、毛刺，不能有刮、压、锉、淌焊等加工痕迹。产品完工后，还须经5%稀硫酸或烫的明矾水处理并清洗干净，然后擦净烘干。

十、戒指手寸

戒指是由戒面和戒脚（指环）两部分组成，戒面是指露在指背上的那部分。戒脚分为封闭式和开口式两种（俗称死扣、活扣）。由于 24 K 金比较软，一般做成开口式的多。戒脚大小可随意收放，不存在圈口大小问题，可以不考虑手寸大小。对于嵌宝戒指，因涉及宝石齿脚的强度和它的紧固性，故一般都是以 K 金作为常用原料。而戒脚往往做成封闭式，是为了防止齿脚来回松动，会影响到所镶宝石齿脚的吻合和坚固程度，避免戒面松动、走样或脱落。

戒指圈口的大小是用手寸来表示的，国际上大致有这样几种标准：英国手寸编码用 A、A1/2、B、B1/2、C……美国近似编码，从最小 0.5# 到 12.5#；欧洲大陆近似编码从 1# 到 26#。我国对戒指圈口大小的标准可参照《首饰指环尺寸的定义、测量和命名》(GB11888–98)。按规定要求最小指环尺寸为 41 mm，最大指环尺寸为 76 mm。指环圆周长与直径换算公式 $D=C/\pi$，D= 圆周直径（mm），C= 圆周长度（mm），π = 圆周率。

戒指的手寸是指指环内径圆周尺寸，用毫米来表示。国内一般最小手寸大约在 7 ~ 9#（约 47 ~ 49 mm），最大在 23 ~ 24#（约 63 ~ 66 mm），每一号手寸相差约 63.84 微米（丝）。

为了便于测量，行业内的标准是用游标卡尺量出内圈的直径，便可得出应是几号手寸，两者关系见下表：

表 1–6 戒指手寸对照表

英国手寸编码	内圆圈尺寸（mm）	美国近似编码	欧洲大陆近似编码	英国手寸编码	内圆圈尺寸（mm）	美国近似编码	欧洲大陆近似编码
A	37.825 2	1/2		N	53.466 0	6 3/4	
A 1/2	38.423 7	1/2		N 1/2	54.104 4	7	14
B	39.022 2	1		O	54.742 8	7	15
B 1/2	39.620 9	1 1/4		O 1/2	55.381 2	7 1/4	
C	40.219 2	1 1/2		P	56.019 6	7 1/2	16
C 1/2	40.817 7	1 3/4		P 1/2	56.658 0	7 3/4	
D	41.416 2	2	1	Q	57.296 4	8	17
D 1/2	42.014 7	2 1/4	2	Q 1/2	57.934 8	8 1/4	18
E	42.613 2	2 1/2		R	58.573 2	8 1/2	
E 1/2	43.211 7	2 3/4	3	R 1/2	59.211 6	8 3/4	19
F	43.810 2	3	4	S	59.850 0	9	20
F 1/2	44.438 7	3 1/4		S 1/2	60.488 4	9 1/4	
G	45.007 2	3 1/4	5	T	61.126 8	9 1/2	21
G 1/2	45.605 7	3 1/2		T 1/2	61.765 2	9 3/4	22
H	46.204 2	3 3/4	6	U	62.403 6	10	
H 1/2	46.802 7	4		U 1/2	63.042 0	10 1/4	23
I	47.401 2	4 1/4	7	V	63.680 4	10 1/2	24
I 1/2	47.999 7	4 1/2	8	V 1/2	64.318 8	10 3/4	
J	48.598 2	4 3/4		W	64.837 4	11	25
J 1/2	49.196 7	5	9	W 1/2	65.475 9	11 1/4	
K	49.795 2	5 1/4	10	X	66.074 4	11 1/2	26
K 1/2	50.393 7	5 1/2		X 1/2	66.672 9	11 3/4	
L	50.912 2	5 3/4	11	Y	67.271 4	12	
L 1/2	51.590 7	6		Y 1/2	67.869 9	12 1/4	
M	52.189 2	6 1/4	12	Z	68.468 4	12 1/2	
M 1/2	52.787 7	6 1/2	13				

表 1-7　内径、手寸转换表

手寸号	5	6	7	8	9	10	11	12
内径(mm)	14.24	14.55	14.86	15.17	15.48	15.79	16.1	16.41

手寸号	13	14	15	16	17	18	19	20
内径(mm)	16.72	17.03	17.34	17.65	17.96	18.27	18.58	18.89

如果你戴有成品戒指，要想知道手寸大小，可以用“手寸棒”来量一下。这是一根带有手柄的锥形金属棍子，上面刻有圈线，每条刻度之间标有号码。只要把戒指套实，就会得到一个相应手寸大小的号码。如果想要知道自己的手指应戴几号手寸的戒指，可以用手寸圈来试戴一下。这是一个金属的圆圈，上面依次从小到大挂有若干个指圈，每个圈上有钢印标号，接近的几个试套一下，哪一个最合适，就选用那一个号。

手指随着季节的变化，会产生热胀冷缩。在选用时，冬季适当放0.5～1#，以手指关节能通过，指根处戒指稍可左右转动为适。夏天时手胀，以戒指带进去不松动为宜。不要过于松动，有些顾客认为太松了，回去绕点丝线，殊不知这样做很不卫生。缩放手寸目前很普遍，也很容易，有些还是免费的，尽可能戴得舒适点。选择最佳手寸，戴一段时间，不合适了再改一下。

戒指手寸太松了容易滑脱；过紧容易造成手指血液循环受阻，发生肿胀，甚至取不下来。遇到后一种情况，用肥皂水帮助润滑一下，在脱的过程中把指环尽量往上用力提升，就相对容易取下来。有的由于长年累月紧箍在手指上，已经难以取下，此时还有一个办法：用针穿好线，从指侧通过指环后，把针去掉，留下线头在掌心，其余一长段线尾紧挨着戒指，把它缠成一定宽度，然后把手掌中的线头抓住，往指尖方向拉动，随着环绕在戒指前方的缠绕线圈逐步解开，戒指也就被你往指尖方向拽拉移动，直至解脱取下。实在不行，那就赶紧请金匠帮你剪断，再接一截到相应的所需手寸大小即可。千万不要等到手指变色、坏死，那就得进医院解决了。

一、宝玉石的硬度和韧度
二、宝石的密度
三、宝石的解理
四、宝石的折射率
五、宝石的色散
六、宝石的晶系
七、宝石与放射性
八、宝石的优化处理
九、宝石的人工合成
十、宝石鉴定仪器简介

一、宝玉石的硬度和韧度

宝石的商业评估有两个参数会经常碰到，这就是它的硬度和韧性。硬度是指矿物晶体对机械割划的抵抗力，一般用摩氏硬度来表示。矿物原子间的距离越小和原子价越高时，则晶体结构的坚固程度越大，也就是说它的硬度越大。硬度的级差，是指一种物质可以刻划另一种物质的能力，但这只是一种相对比较并不表示各种硬度的比率，比如，金刚石为10级硬度，红、蓝刚玉为9级硬度，但金刚石的硬度是刚玉的146倍，是石英的近千倍。为了表示宝石的耐久性，还有一套标准，这就是它的韧性。韧性是指宝石的抗裂和抗破碎程度。它的反面就是脆性，例如祖母绿、珊瑚特别脆，工艺难度相对较高。硬度和韧性好的宝石比较经久耐用，不易磨损和破碎，表面的光洁度亦能保持长时间不变。

表2–1　摩氏硬度表（国际上普遍采用的宝石和矿物硬度级别标准）

硬度	10	9	8	7	6	5	4	3	2	1
矿物名称	金刚石	刚玉	黄玉	石英	长石	磷灰石	萤石	方解石	石膏	滑石

表 2-2 常见珠宝的硬度、韧度表

珠宝名称	钻石	红宝石、蓝宝石	金绿宝石	海蓝宝石	祖母绿	锆石	电气石	石榴石
硬度	10	9	8.5	8	7.5	7～7.5	7～7.5	7～7.5
韧度	7.5	8	3	7.5	5.5	5		

珠宝名称	水晶	翡翠	橄榄石	玛瑙	软玉	欧泊	绿松石	青金石
硬度	7	7	6.5～7	6.5～7	6～6.5	5.5～6.5	5～6	5～6
韧度	7.5	8	6	3.5	8			

（日常物件的参考硬度：指甲 2.5、铜钥匙 3、陶瓷 3.5～5、玻璃 5～5.5、钢刀 5.5～6、锉刀 6.5～7）

各类宝石

二、宝石的密度

宝石的密度是指单位体积的质量，它决定于宝石中各种元素组成的化学式中原子量之和以及晶格类型和单位晶胞性质。各种宝石成分不同，晶格类型不同，单位晶胞性质也不同，它的密度自然不同，而且很少会彼此重叠。因此，密度值的测定在宝石鉴定中实用价值很高。密度的度量单位为 g/cm^3。一般鉴定方法是用克拉天平称，先称出宝石的重量，然后将宝石浸入盛满清水的杯中，称出质量差值。它的计算公式为：密度 = 宝石重：同体积水量，便可得出最终结果。

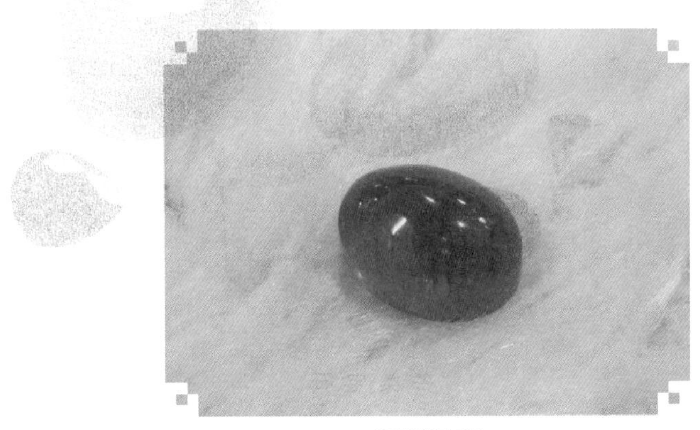

蛋形磷灰石

磷灰石呈透明至半透明玻璃光泽或油脂光泽。比重 3.18 ～ 3.21，硬度 5，性较脆。磷灰石矿物产于火成岩的伟晶岩中，亦有在接触变质岩矿藏中存在。

另外也可以利用一套已知的重液，将要测试的宝石投入其中，视其沉浮以获得宝石的密度。最常用的比重液是三溴甲烷（$CHBr_3$,密度为2.89）和二碘甲烷（CH_2I_2，密度为3.32），利用这两种重液基本可以把许多相似的宝石进行区分。要使测试更准确些，尚可用一溴萘（$C_{10}H_7Br$，密度为1.49），苯或甲苯渗入以上两种重液中进行稀释，配置到所需测试宝石的相应密度。稀释过程可利用已知宝石标样密度作指示物。

表2-3 常见宝玉石（矿物）比重一览表（单位：g/cm^3）

矿物（宝玉石）名称	比 重	矿物（宝玉石）名称	比 重	矿物（宝玉石）名称	比 重
金刚石（钻石）	3.52	石榴石	3.57～4.20	东陵石	2.63～3.18
合成钻石	3.52	橄榄石	3.27～3.48	萤石	3.18
合成立方氧化锆	5.80	孔雀石	3.90～4.10	独山玉	2.73～3.10
天然锆石	4.69	绿松石	2.40～2.84	软玉	2.90～3.10
刚玉（红宝石、蓝宝石）	3.95～4.10	蛋白石（欧泊）	1.9～2.5	翡翠	3.14～3.34
人造刚玉	4.00	合成欧泊	1.97～2.20	黄铁矿	4.70～5.20
绿柱石（祖母绿）	2.65～2.89	青金石	2.50～2.80	黄铜矿	4.10～4.30
绿柱石（海蓝宝）	2.70	月光石	2.55～2.76	珍珠	2.61～2.78
合成祖母绿	2.65～2.73	水晶（石英）	2.65	珊瑚	2.60～2.70
金绿宝石（变石）	3.71～3.75	合成水晶	2.66	琥珀	1.05～1.16
电气石（碧玺）	3.06～3.25	方解石	2.61～2.8	煤晶	1.30～1.35
托帕石（黄玉）	3.53～3.59	坦桑石	3.35	玻璃	2.3～4.5
尖晶石	3.55～4.04	蛇纹石（岫玉）	2.45～2.83	塑料	1.05～1.55

（本表仅供参考，比重大于2.8～2.9的叫做重矿物，小于此数字的为轻矿物。）

三、宝石的解理

宝石晶体的内部结构中，存在有一系列沿着晶体方向裂开成一个光滑平面的性质。这些质点由于原子间距相对比较大（这是晶体的固有特征，在加工时视为缺陷），晶格之间的结合力就比较弱，容易在受到外力撞击时产生平移、错位、破裂。结构不同、解理也就不同。宝石是否都会沿着解理面引起破碎，这还要看它解理发育完善程度，以及内部应力变化情况或电性原因等。解理面越成熟完善，越经不起碰撞。解理发育不充分，反而不容易开裂。

托帕石晶体和成品戒面

宝石解理是指矿物晶体内部固有的不同程度的隐性裂隙，一旦受到外力的作用，有可能会顺着原有结晶方向开劈成一个光滑平面的性质。晶体中一系列的质点（离子、原子或分子）如果在结晶时排布成一个平行的质点面，由于两个质点面之间的间隙相对较大或因电性等原因，就有可能影响到结合力，这是种缺陷。同一种矿物晶体有着相同的解理，而不同矿物晶体的解理面各不相同，甚至不存在解理面。托帕石则有着一组平行于底面的解理存在。

玉石有众多细密矿物晶体交结纠集在一起，较难用肉眼分辨，成矿时变质、接触、交代情况较复杂，相对发育不完善，尤其像翡翠、白玉内部的纤维状结构比较明显，它的韧性就好些。

白玉的表皮形态和它的内部结构

和田白玉是软玉中极为珍贵，最具收藏性质的品种之一，它是以透闪石和阳起石为主的岩石，在地质学上称之为角闪石族的硅酸盐矿物。其内部由纤维状微晶交织或毡状结构等，无定向密集分布，肉眼很难区分其晶形颗粒，在电子显微镜下，我们可看到针状、长柱状、纤维状及叶片状的隐晶质。它的主要化学成分为钙、镁、铁和氧化硅等，在晶体结构上属单斜晶系，断口呈参差状，可产生大面积消光现象。白玉有着两组相交成56°和124°的完全解理。

翡翠的内部结构

翡翠主要由钠铝辉石组成，地矿学上冠名为硬玉。晶体呈长、短柱状的纤维交织聚合，也称为毯状结构。其中杂质色指绿辉石、钠铬辉石。当有微量铬契入晶格时，便呈现绿颜色。其表面由于铁质的氧化程度不同，可以有黄、棕、赭、灰、褐、黑等多种色泽产生。而内部原石的主体，一般呈乳白到微绿或夹杂浅紫色。翡翠的颜色主要来自内部杂质元素，其中包括铬、铁、锰、钒、钛……翡翠由两组近似87°正交的解理和纤维变晶构造共融。

四、宝石的折射率

宝石和玉石的致密性，也就是密度都不一样。当光线在其中穿行时，光波从第一种介质中进入到第二种介质，就会有一部分光波从两种介质的接触面反射，回到第一种介质中，同时也会有一部分光波从第一种介质进入到第二种介质。不过由于两种介质的密度不同（是指光学上所谓的密度而言），光波传播的速度也就不同。因此，在进入第二种介质时，光线也就不能沿着直线前进，而在两种介质的接触面处，必转向一定的方向前进，这种现象叫做折射。就像我们将筷子放在盛满清水的玻璃杯中，筷子看起来折过般是一个原理。

光线在低密度介质中的行进速度要比高密度介质中来得快，这种速度差异就使光的行进方向发生一定的偏折。折射率就是对光偏折程度给一个量化的参照标准。珠宝鉴定证书上有折光率一项内容时，它所测试出来的数据是用专门的仪器——折射仪——来解读的。我们也可以用另一种相对测量结果辨别它的折射率，这就是寻找一些与宝玉石折光率相似的液体。把要检测的宝石浸入该溶液中，看光线对它的反应。就如把冰块放在水里，冰块本身似乎不存在了，但冰块内部的气泡或少许异物、杂质便更加清晰可见的原理是一样的。

水滴形钻石

钻石的折射率高达2.42，其色散值为0.044，两者的强强组合，使它的亮度和辉度格外显著超群，琢磨后晶莹璀璨，我们称其

五、宝石的色散

我们知道太阳光是由赤橙黄绿青蓝紫这七种单色光混合而成的，这是我们的眼睛所能见到的自然光。

每种单色光都有自己特定的波长，不同波长的光在空气中传播的速度是相同的。光通过平行平面时不出现色散，只有通过倾斜平面时才出现色散。当光线进入宝石时，由于宝石各自的密度不同，就形成了不同的传播速度，也就构成了不同的折射率。

色散就是通过宝石光谱色中的红光和紫光折射率的差值来表示的。色散值越高，宝石的火彩越强烈，即所谓的“火头”好。钻石的色散率高达0.044，故能产生耀眼的闪烁光芒。宝石的色散能力不仅仅是本身色散率的大小在起作用，与宝石的厚度及琢磨形制也有很大的关系。宝石的亮度和出火是一对矛盾。要想火头好，必须使穿出宝石台面的光线最大限度地分解为单色光。像钻石在光线下只看到台面闪闪发光一团火，而不是“五颜六色”，就是光线的反射光和折射光通过理想的琢磨角度人为控制后达到的金刚石光泽效果。但火头一好，也会反过来影响宝石的亮度和辉度。对于折射率低的宝石来讲，在琢磨时则更要注重发挥它的亮度优势和色泽辉度。琢磨宝石的难度就在于寻找一个火彩和亮度达到最佳状态的折中方案。

各种宝石的色彩和光泽

六、宝石的晶系

矿物是一种天然单质或化合物，它是地壳的岩石圈、水圈、大气圈本身或各圈之间进行的某些物理－化学作用的产物。矿物除少数为单一元素外，多数是自然化合物。大部分为固体，有时也呈液体或气体状态存在。固体矿物具有一定的物理性质、化学性质以及晶体结构。在气体和液体矿物中，它们的各种性质和物质晶体结构的关系就不存在了。

白钨矿和云母共生标样

白钨矿是一种钨酸盐矿物，属正方晶系。晶体呈四方双锥状、板状或致密块状。有玻璃至金刚光泽，常与石英相伴生，产于伟晶岩中。硬度4.5～5，比重5.8～6.2。白钨矿又称钨酸钙矿，四川平武伟晶岩中产出的橘红色和橘黄色白钨矿在自然界中较为罕见。其中橘红色者颜色最为漂亮，极其珍贵。

蓝铜矿晶体

蓝铜矿晶体（晶簇），又名石青。是种含水的碳酸盐矿物，呈暗蓝色至亮蓝色，属单斜晶系。晶体呈短柱状、板状与粒状，硬度 3.5 ～ 4，遇酸起泡。

方解石晶体

该晶体艳绿色的萤石与双晶方解石融于一体，颇有“千里冰封，大地回春”之感。

在岩浆和热液中，含有很多种矿物，在其冷却过程中便发生结晶现象。就像水会结成冰一样，某种可溶性物质在溶液中的含量达到饱和时便会析出晶体，如：石膏、芒硝、食盐、硼砂；又如固态中的结晶——火山玻璃，经过地质变化会发生脱玻化，形成结晶质沸石、长石和玉髓微晶。同样在高温超高压条件下，石墨能转变成金刚石，就是因为虽然化学成分不变，但内部质点的排列变了，性质变了，就从一种晶体变成了另一种晶体。矿物形成过程中，只要有足够的空间任其发育完善，这些物质就会自然形成一定的几何特征和内部结构，并作有规律的重复排列，形成格子状构造，这样的物体就具备了晶体的性质。

蓝晶矿标样

蓝晶矿晶形呈长而扁平板状，属三斜晶系。颜色为蓝色、青色，且中心深，边缘浅。有玻璃光泽，在解理面上时呈珍珠光泽。蓝晶石与硅线石、红柱石化学组成相同而构造特征不同，矿藏生成于地壳深处，由富含黏土的岩石经变质而成，透明的可作宝石用。

黑钨矿（与白水晶共生）

黑钨矿又称钨锰铁矿，呈黑色、灰色或黄棕色，有金属光泽。产于花岗岩石英脉中，属单斜晶系，是提炼钨和制造钨钢的主要原料。硬度 4.5 ～ 5.5，比重 6.7 ～ 7.5，性脆，不透明，含铁多者呈弱磁性，系热液矿脉。

水锌矿晶簇

水锌矿是闪锌矿和异极矿等物质的风化产物，常和闪锌矿、菱锌矿、孔雀石等共生，颜色呈白、浅灰和淡黄等，表面有珍珠光泽。外形为土块及纤维状块体，不透明，硬度2～2.5，比重3.5～3.8，性脆，断口呈贝壳状，遇酸有泡沸现象。

辉锑矿晶簇

辉锑矿呈铅灰色，属斜方晶系。晶形为柱状、板状、针状，具有垂直条纹。解理面呈强金属光泽，硬度2.0～2.5，比重4.5～4.6，性脆。辉锑矿大量产于低温热液矿藏中。氧化后较易分解为淡黄色或褐色的氧化物。可提炼锑和锑白等化合物，用于制造耐摩擦之合金，与铅容易混淆。

辰砂矿物标样

辰砂又称朱砂和丹砂，是汞的主要矿物，用于提炼汞以及制造硝酸汞、硫酸汞、氧化汞，氯化汞等物质。属三方晶系，晶形为厚板状或复面体，有串插双晶，但一般都呈不规则粒状，致密块体及粒状、土块状等，混有土质、有机质。颜色为深红至黑红色，具有金刚光泽，半透明，硬度2～2.5，比重8.09～8.20，性脆。

锡石及琢磨制品

锡石常含有Fe、Mn或Nb、W及其他稀有元素，颜色由深褐色至沥青状黑色，无色者极少。发育良好之晶体产于晶洞中，呈正方晶系，系双锥体或双锥体与正方柱状之聚形或粒状、板状、密集块状产出。锡石的双晶和金红石相同，亦呈肘状、膝状，具金刚光泽，断口为树脂光泽，呈贝壳状，解理不完全，不透明，硬度6～7，比重6.8～7.0，产于伟晶花岗岩中，与黄玉、氟石、锂云母、电气石共生，巨型的锡石矿床是热液脉状矿和钨锰铁矿、钨酸钙矿等共生。锡石为工业上炼锡的唯一原料，锡可制白铁或冶炼易熔合金和青铜、黄铜等。

雌黄晶簇（红色部分为雄黄）

该标样为雌黄与雄黄共生矿物，属单斜晶系。晶簇呈放射集束状，鲜艳的柠檬黄和金黄色泽，混合有半金属光芒，断口呈强烈的珍珠光泽。是由有机物质腐烂所生之硫化氢与含砷溶液作用而生成于泥板岩或白云岩中，硬度为1.5～2，比重3.56，系提取三氧化二砷等化合物的主要原料，可用于制造颜料、玻璃、焰火。

根据晶质体的颗料大小，又分为显晶质和隐晶质两类。有小部分宝玉石和近似石或准矿物则属非晶质。晶体内部质点（原子、离子或分子）的排列，其数量、对称性和具体重复方式都各不相同。根据晶体对称特点，结晶轴参数和轴角等差异，依次把它们划定为七个晶系，三大类。第一类等轴晶系：它只有一个晶系，形成轴对称程度最高，也称为高级晶系。第二类中级晶系：是指其几何外形具有六条边、四条边、三条边特征的晶体。相对应的冠名即为六方晶系、正方晶系和三方晶系。第三类低级晶系：其晶体的几何外形缺少可重复的晶面和相对应的几何外形，它包括单斜晶系、三斜晶系和斜方晶系。

某些物化性能完全相同的物质，如果由于结晶的排列方式不同，晶体的不同方向上就会产生完全不同的性质。这会直接影响到宝石的颜色、硬度、透明度、折光率等，还可能给加工工艺带来一定的难度。

宝石的晶系归属在珠宝领域，对于鉴别宝石的真伪和矿物归类具有指导意义，但对其商业价值并不意味着必定有影响。

中国珍贵的矿产资源（特种邮票）

自左至右：辉锑矿、辰砂、黑钨矿、雌黄

七、宝石与放射性

放射性元素无论在较低或较高的温度下，在真空或较高压力下，在光线下或黑暗处，其放射性物质的衰变进行是完全相同的。我们不可能增加或减缓它的速度。由于这点，我们就可能根据对于曾经一度含有放射性元素的岩石的研究，推算出地质时期的绝对年代。

科学研究证明，地球上常见的具有放射性的核素有 50 多种。其中多数放射性核素寿命较短，只有铀 238、钍 232 和钾 40 寿命最长。因此，这三种核素就成了自然界的主要放射源。宝玉石是否带有放射性，要从两个方面来加以分析：一是，上述几种放射性元素是否能进入宝石的晶格；二是，宝玉石是否共生于这些放射性元素的环境中。放射性元素在地壳中含量是很低的，其分布也是有规律的。它们大量聚集在岩浆冷凝后期溶液结晶的矿物岩石中，如铜铀云母和钾长花岗岩等。人类采集、加工的宝玉石多数与它们无缘。笔者在上海珠宝玉器厂和上海老城隍庙珠宝市场任职期间，曾就宝玉石切割时产生粉尘及是否存在有毒有害物质和放射性污染的问题，特邀上海职业病防治所和进驻市场的上海商检局宝石检测站等单位进行了取样化验，但并未检测到足以影响人体健康的有毒有害物质，也没有职工因辐射受到伤害的实例。只是在锆石、萤石和改色黄玉中的部分标样中查出含有微量放射性。有的宝石如孔雀石、绿松石，以及某些新开采出来的玉髓类、大理石类材料，可能在加工过程中会产生大量粉尘和异味，但也没能检测到辐射存在。

国际原子能机构和国家环保局对放射性防护是有严格规定的。国际辐射防护标准规定：人工放射性物质豁免值为100贝克，天然放射性比活度为350贝克。我国在“辐射防护规定”中规定：天然放射性物质豁免值为350贝克／克，人工放射性物质豁免值为70贝克／克。拿改色黄玉来举例：一颗重1克拉的改色黄玉，其比活度为70贝克，第一年累计接收的放射剂量相当于胸部照次X光所受辐射剂量的百分之一；经过一年之后，这颗改色黄玉的辐射剂量已降到微乎其微了。因此，国际上也曾对经辐照改色的宝石，要求放置半年至一年，经充分“冷却”后才能上市，这也是为了预防万一，慎之又慎之举措。亿万人长期佩戴宝玉石也未闻有因辐射受伤害的实例记载，而佩戴宝玉石对人体有益的说法，已得到了科学的验证和消费者的认可。

方解石手镯

方解石属碳酸盐矿物，无色或白色的三方晶系（俗称蝴蝶翅膀），因内含杂质的不同，其色泽尚有灰、黄、浅红、蓝绿色等区别。晶形常呈复三角偏三角面体、菱面体等，其重折射率是明显的光学特征之一，双折射率为0.172，透明的称为“冰洲石”，是高级光学材料，在宝玉石领域内，白色方解石往往用来冒充白玉，被冠以“阿富汗白玉”之名入市。方解石的硬度偏低，仅高于滑石、石膏，遇酸起泡。

红 宝 石

蓝晶石蛋形宝

八、宝石的优化处理

市场上大量的红宝石、蓝宝石系经表面热处理和晶格扩散法处理后的商品。表面热处理的目的是改善它的颜色，提高透明度和减少色带、包裹体，但也会留下蔓生结构。这种热处理被理解为优化处理，是被认可的。晶格扩散处理方法，是把宝石放在高温高压环境下经辐照改色处理，让晶格变形重新排列，得以修复，以改善其颜色。这种有放射性物质存在的处理方法，目前尚有不同的意见分歧。晶格扩散法处理过的刚玉宝石，由于在极高温度下进行，位于坩埚中的刚玉表面会部分熔化，在与助熔剂的接触下，其表面会产生“再沉积”的现象，有成群微小的六角形扁平片，形成浑搅效果，没有固定生长方向。附着在“宿主”表面的合成晶体在偏光镜下，会有闪亮反应，在刻面棱线处颜色会比较集中。单纯热处理过的刚玉宝石，在显微镜及光纤灯照明下，表面可见覆盖着一层薄薄的透明材质，像“烧蓝”一样。非晶质体的表面则会出现有流动纹及凸起，硬度只有 6。另外像激光处理、涂膜处理、填充处理等所谓的优化处理只能算作是缺陷补救方法。

经注胶处理的绿松石矿物原料

经酸洗处理后的翡翠手镯（B 货翡翠）

九、宝石的人工合成

早在 20 世纪 60 年代，美国有家公司采用“助熔剂法”合成新型的合成红宝石了。它通过铂金坩埚内的氧化铝粉末，在助熔剂的帮助下，使其成为熔浆，然后投入晶种。晶种逐渐吸收成分壮大起来，成为晶体。这比早期的“焰熔法”合成红宝石，在外观上更近似于天然红宝石。目前合成宝石用得比较多的有“水热法”、“熔体提拉法”、“熔体导模法”、“化学沉淀法”、“化学气相沉淀法”，“常压高温熔炼法”等，主要用于各种玻璃、稀土玻璃、微晶玻璃的仿宝石材料生产。市场上常见的经常压高温熔炼法生产的仿真饰品有玻璃猫眼、仿珊瑚制品、仿玛瑙、仿金星石、仿翡翠、白玉等。

目前有很多学科参与宝石的研究和人工合成，包括化学、物理学、结晶化学、胶体化学以及理论化学等。高科技手段的介入，对珠宝领域来讲是非功过“谁人曾予评说”，眼下尚难以找到相应的答案。

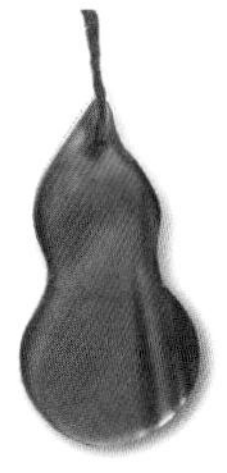

仿玛瑙小挂件

十、宝石鉴定仪器简介

宝石的鉴定，一般可以分为原石和成品两大类。

对于原石的鉴定，又可以分为野外鉴定和室内鉴定。野外鉴定多数采用放大镜和小刀等简单工具，用以初步对宝石矿物进行定名。室内鉴定主要是利用各种手段和仪器，进一步测定宝石矿物的数据，为鉴别宝石提供重要依据。

对于宝石成品的鉴定，必须是在不破坏宝石完整性的前提下去鉴别所测定的宝石。

目前常用的、易于掌握的宝石鉴定仪器设备有以下几种：

1．笔式聚光手电

用来观察浓色宝石的透明度，以及内部结构和隐性缺陷。聚光手电的电珠应凹于笔头面，不能凸出笔头面，否则不便于观察。照明观察有多种方法可供选择，包括光源。其中有底部暗域照明法、明域照明法、顶部照明法、散射照明法、斜向照明法、水平照明法、点光照明法、有色光照明法、遮掩照明法、偏振光照明法等。目的均在于把宝石的内部、外部情况看个透彻，做到心中有个底。

2．放大镜和宝石显微镜

放大镜是宝石放大观察的仪器之一。最常用的是 10 倍放大镜，还有

20倍、30倍等几种。放大镜是宝石专家的关键工具和必备之物，便于携带，可用它来鉴定宝石的品种和真伪。用放大镜可以观察：①宝石的表面损伤、划痕、缺陷；②琢形质量；③抛光的质量；④宝石内部的缺陷、包裹体；⑤颜色的分布和生长线等。鉴定时，应将宝石置于离10倍放大镜约2.5厘米的强光之下，慢慢调节距离，直到看清楚为止。选择放大镜的质量也很重要，质量差者在放大时将产生图形畸变。

宝石显微镜是宝石放大观察的一种重要的仪器。它能够检测10倍放大镜无法清晰确认或观测到的宝石特征。宝石显微镜可以观察宝石内部的包裹体、解理、双晶纹、生长线、色带；观察宝石的磨工、抛光度和意外损伤；鉴别拼合宝石二层石、三层石。宝石显微镜的结构合理，辅助设备齐全，放大倍数可变幅度较大，一般是10～70倍。宝石显微镜有两种光源，一般用底灯观察宝石的内部缺陷，如包裹体、裂隙等；用反射灯观察宝石的表面特征，如断口、色带、解理面等。宝石显微镜是精密仪器，要严格按操作规则使用。

放　大　镜

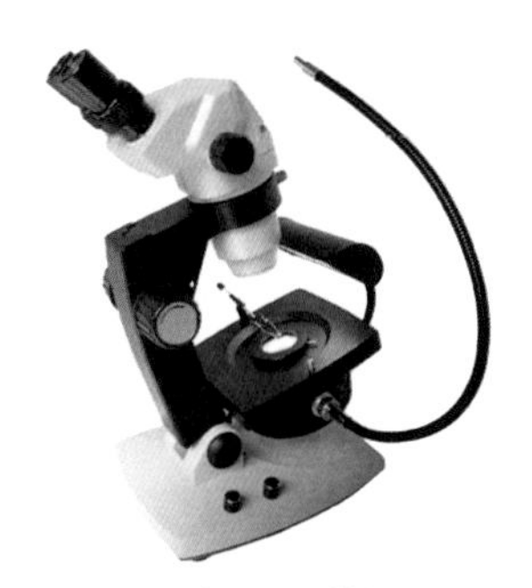

宝石显微镜

3. 二色镜

某些宝石具有双色性和多色性，观察宝石多色性最好的仪器是二色镜。二色镜是一种结构合理、价格便宜、小巧简单的光学仪器。二色镜使用的是一块透明的无色方解石（冰洲石）棱面体，由于冰洲石的双折射率较高，该仪器可以将穿过宝石的两条平面偏振光线分离开来。要求必须是有颜色、透明的单晶体宝石才能够检测出多色性，玉石不能检测多色性。二色镜主要用于区别红宝石和红色尖晶石、红色石榴石；区别蓝色尖晶石和细小的蓝碧玺；区别蓝宝石和蓝色人工合成尖晶石等。用二色镜检测宝石时，必须不断转动宝石，直到两个差异最大的颜色出现在窗口上为止。对于宝石三色性的确定，必须认真地反复检测，从三个不同的方向观测，出现三种颜色才是三色性。检测时注意：眼睛、二色镜和宝石样品的间距应为2～5毫米。

4．折光仪

折光率是透明宝石重要的光学常数，是鉴定宝石品种的主要依据。测折光率的方法主要有两种：一种是直接测量法，用折光仪测量；另一种是相对测量法，用液体浸没法。例如：甘油或松节油的折射率为1.47，欧泊（蛋白石）的折射率也是1.47；一溴萘为1.66，翡翠也是1.66；一氯萘1.63，碧玺（电气石）1.63；二碘甲烷1.74；石榴石1.75，金绿宝石1.75，蓝宝石1.77。如遇少有偏差，为使折光率更接近也可以将现有溶液稀释一下降低折光率，检测结果会更准确一些。

折射率的检测就是观察当光线投射到宝石表面时，其运动状态有哪些变异。例如：折射、反射、衍射、干涉、吸收等。

透明度好、折光率高的宝石比一般宝石显得更加明亮耀眼。每种宝石都可用宝石折射仪来测定它的折光率。均质体或非晶质体宝石即等轴晶体只有一个折光率值（N）。非均质体宝石，包括正方晶系、六方晶系和三方晶系宝石，有两个主折光率（ω、ε）。斜方晶系、单斜晶系和三斜晶系的宝石有三个折光率（α、β、γ）。这些对于鉴定宝石是个重要的依据，也是宝石光学性能的一个重要组成部分。

折光仪是根据光的全反射的原理制造的。目前常用的折光仪只选用于折光率为1.36～1.81范围内的宝石，宝石的折光率（N）的计算方法为光在空气中的传播速度（$v1$）与在宝石中的传播速度（$v2$）之比为一个常数，即$N = v1/v2$。均质体宝石，光的传播速度不变，折光率只有一个，称为单折光率。非均质体宝石，在折光仪中会有两个读数，最大、最小折光率值之间的差值，称为双折光率。折光仪是宝石鉴定最常使用的仪器之一。它的体积小，使用方便，既可以测试刻面宝石的折光

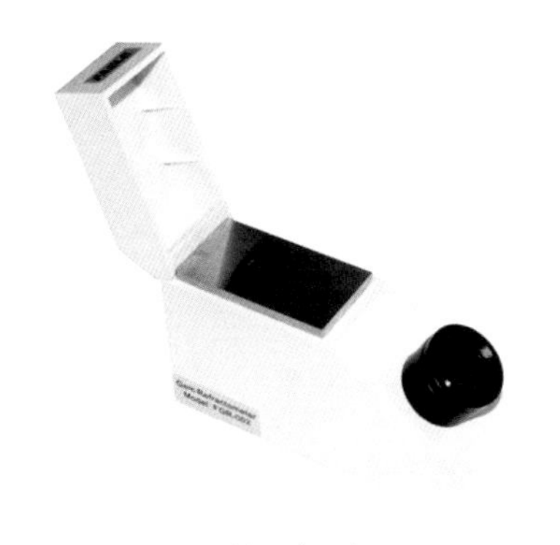

折 光 仪

率，又可以用点测法测出弧面宝石的折光率。

5．查尔斯滤色镜

滤色镜是利用吸收光的特定波长这一特征而设计的。它是由两片仅让深红色和黄绿色光通过的明胶滤色镜组成的宝石鉴定仪器。滤色镜小巧轻便，便于携带，对识别一些染色宝石和人造宝石特别有效，对识别炝色翡翠非常有效。它可以鉴别祖母绿和其他伪造品，但要准确地确定，还要借助于其他方法综合进行。在滤色镜下，祖母绿呈现红色或粉红色，而其他和祖母绿相似的天然绿色宝石，在滤色镜下观察不显红色。

6．热导仪

热导仪是根据钻石具有良好的传热性而设计制作的。绝大多数宝石不具备热导性或热导率极低，所以一般热导仪均为区别钻石与人造仿钻制品而设计的，是鉴别钻石与其他仿钻制品的专用仪器。钻石热导仪由金属针状测头与控制盒组成，当测头尖端触及钻石表面时，温度明显降低，由仪器表头信号灯或鸣叫声显示测定结果。热导仪长十多厘米，便于携带，使用极为方便。

7．偏光器

是利用使平面偏振光垂直相交，光线通不过的原理制造的一种简单的光学仪器。光的振动是顺着直线前进的，光波是在垂直于光线方向的平面内作各种方向的振动，称为自然光。但如果在某种条件下，光只沿着一个方向振动，这种光就叫做偏振光。偏振光的方向绝对一定，因此光线必在同一平面内振动，包含光波振动的平面就叫偏光面。偏光器是由两个振动

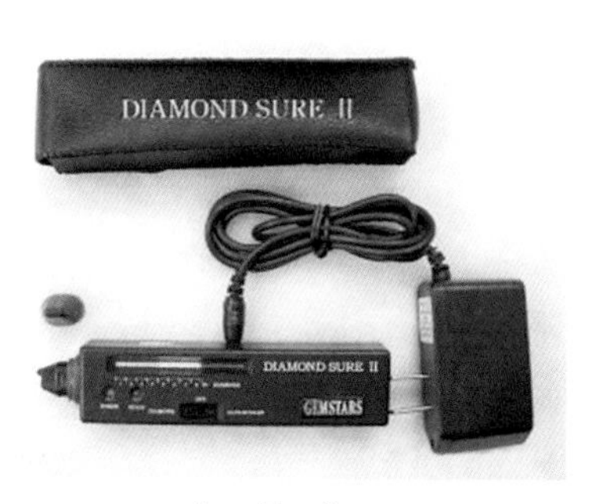

热　导　仪

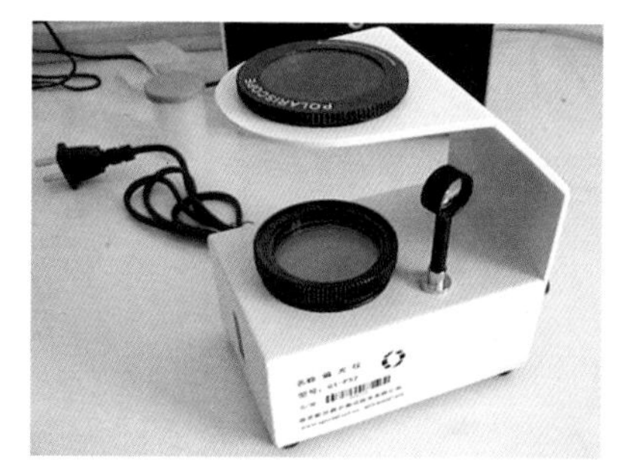

偏　光　器

方向垂直的偏光片、支架和底部照明灯组成，用以检测宝石的光性（是均质体还是非均质体）和多色性。在打开照明灯的偏光器中，转动观察宝石样品的明暗变化情况：①如果样品明亮，没有明暗变化，可以是隐晶质或微晶集合体，如玉髓、翡翠等。②如果样品全黑，没有明暗变化，将样品变换一个角度继续观察，如果仍然无明暗变化，样品属均质体。属均质体的宝石有等轴晶系和非晶质宝石。③如果转动宝石 360° 时，宝石样品发生四次明暗变化，这表明样品为非均质体。属非均质体的宝石有四方、六方、三方、斜方、单斜、三斜晶系中的宝石。④如果样品在正交偏光下转动时，可看到灰暗的蛇纹状、网格状或不规则的现象，则可能是均质体宝石所呈现的异常干涉色，此时应十分注意。利用偏光器，还可以检测宝石的多色性，能够验证宝石的非均质性和均质性。

8．拉曼光谱摄谱仪

其基本原理为借助圆偏振的入射、闪射光做散射配置，不仅改变了光的传播方向，而且散射光的频率也改变了。有减少的，也有增加的，减少的散射通常要比增加的散射强得多。减少的散射称为拉曼散射，也称为斯托克斯散射。测得宝石矿物的拉曼性声子，按照散射强度的大小顺序绘出声子频率，然后与现有宝石矿物数据库提供的数据进行核对比较。拉曼光谱测试的微区可达 1 ~ 2μm，具有很好的空间分辨率。能探测宝石内部及其微小的杂质、内含物和人工掺杂物。通过化学成分的定性、定量检测，来识别宝石包裹体的特征，并可获得有关宝石矿物的成因及产地的信息。拉曼光谱是物质结构研究的有力工具，可以有效、快速、无损和准确地鉴定宝石的类别——天然宝石、人工合成宝石和优化处理宝石。

利用拉曼原理尚可制成拉曼显微镜，这是包含一个 514μm（微米）激光源、一个光谱仪箱及一个瞄准用显微镜，在反射光中可看到缝隙的开裂，也可比较各种填充料的光谱，来揭示各自的特征。

9．分光镜

宝石的颜色是由白色光射入后，部分色光被宝石吸收，其余的则透出宝石，被人的肉眼捕获，呈现为某种颜色。但很多极为相近的色差，肉眼就较难予以明确分辨。我们利用分光镜来测定宝石的吸收线、吸收带，这对宝石的鉴定来说无疑更为准确些。

分光镜按棱镜分解光谱原理来制作也可以按光栅原理来制作，选用光

源最好是强冷光源或光导纤维灯。尽管有色宝石的每种颜色的吸收性并不是绝对的限制在特定的波长范围内，但其致色元素所形成的吸收谱特征性就比较明显，可作为参照的依据，最好有现成的标样作比对更好。

另外也可使用傅立叶（phillips）变换红外线光谱仪（FTIR）之类的红外线光谱仪作为宏观方法。根据宝石化学成分和分子结构的不同，而显示不同的光谱高峰位置和强度。

10．荧光仪

荧光灯主要是利用紫外线照射下看看是否有荧光反映。紫外线又有长波与短波之分，这对于某些宝石特有的荧光颜色，通过观察来加以确认，还是具有一定的鉴定意义的。尤其是对注胶翡翠的鉴定相当有效，但在观察前先要将物件清洗干净，否则有可能会引起误判。紫外线虽然看不到，但它是种高能量的射线，可能会伤及眼睛，要注意适当防护。

此外，常用的宝石鉴定仪器还有硬度笔、X 射线衍射仪、电子探针等。

第二章

宝石的价值特征

一、宝石的十大价值要素
二、宝石的特殊光学效应

一、宝石的十大价值要素

宝石原料的等级价值，主要是根据颜色、净度、透明度、光泽、颗粒形态、发育程度、特殊效应以及是否符合加工工艺要求等十大因素来决定的。

1. 宝石的颜色

颜色是评估宝石原料和成品价值的首选条件。颜色纯正的宝石，在欧洲被称为“本色宝石”，在日本被称为“贵宝石”，在我国则被称为“名贵宝石”。像红宝石中的“鸽血红”，蓝宝石中的“矢车菊蓝”，绿柱石类的“祖母绿”、“海蓝宝”，水晶中的“紫晶”、“茶晶”，托帕石当中的“酒黄宝石”，珊瑚中的“关公红”、“蜡烛红”、“天使肤色”，珍珠中的“孔雀蓝”、“孔雀绿”。宝石中鲜红、翠绿、纯蓝这三种颜色是一致公认的优质颜色。

五光十色的宝石，令你赏心悦目，激发起极大的视觉冲击力。当你一旦有了购买的欲望时，却又无所适从，“篮里拣花，越拣越花”。那么这些千变万化的神奇色彩又从何而来呢？

宝石的颜色与矿物中的特殊杂质，以及所含的微量元素关系极为密切。矿物本身有 8 个主要致色元素：钛、钒、铬、钴、锰、铁、镍、铜。在同一矿物中汇聚有几种离子产生的色彩，就形成了丰富的层次和透度及辉度。而同一元素的不同含量同样会产生不同的颜色。因此，对某些宝石我们也就可以通过科学手段重新创造宝石的色彩，或者通过改变原有的分子排列结构和采取不同的程序来得到相似的颜色。这在宝石改色领域已经相当普及，并且是允许和认可的。

缅甸红宝（鲜红）

哥伦比亚祖母绿（艳绿、宝石重 9.24 克拉）

斯里兰卡蓝宝石（纯蓝）

地中海珊瑚吊坠（蜡烛红）

缅甸翡翠（翠绿）

南洋珠耳环（金黄）

（1）宝石的他色

来自宝石自身结构以外的微量元素所产生的色彩，我们称之为宝石的他色。如红宝石、蓝宝石。它的主要成分是三氧化二铝，也就是刚玉。本身是无色的，由于在生长过程中含有二价铁而成为蓝色，因含有三价铬而呈红色。在宝石中尖晶石的色彩相当丰富。如果含三价铬，就如同红宝石般。英国女王王冠上那颗著名的“黑太子红宝石”一直被认为是红宝石。但经现有手段无损伤检测之后，证明其是尖晶石。但因其颗粒硕大，无以匹敌，仍不失为举世之宝。尖晶石若含有二价铁就成了灰蓝颜色。其绿色的是高铁，紫色是含锰，褐色是高铁、亚铁和铬几种综合作用的结果。若随着镁尖晶石向铁尖晶石或锌尖晶石演化，颜色就会随之变深。

某些情况下，相同的微量元素在不同宝石中会产生不同的颜色，铬在红宝石、尖晶石当中是导致红色的主因，但在祖母绿中则产生绿色。绿颜色宝石不一定就是祖母绿。根据以往的经验，我们用“查尔斯滤色镜”在灯光下观察如果发红或呈暗绿色调，那么就是真的祖母绿了。同样“亚历山大石”（变石），在炽光下是紫红色，在自然光下就会变成金绿色，其原因也就是它的致色剂元素是铬。在对光线的吸收和强吸收两种状态下，人眼对光谱波长的感应发生了变化，引起了视觉上对色泽的不同理解。烛光或钨丝光中与红光相当的能量多，故呈红色，而日光和荧光灯中蓝绿光的能力占优势，故呈绿色。法国一位早期作家曾描述过这种变化，惊叹道：“世界之大，无奇不有，一颗辉煌的蓝宝石在烛光下竟然变成了黑色。”

非洲红宝石原石（红刚玉，绿色部分为绿帘石原岩）

非洲红宝小摆件

小颗粒尖晶石制品

颜色不是物体的唯一特性，它只是光作用于人的眼睛而在头脑中产生的一种感觉。人的视网膜有两种感光细胞，一种为视杆细胞。人在黑暗当中就没有颜色的感觉，物体只有一个轮廓、阴影。因它只有一种视色素，也就是看黑白照片的感觉。另外一种是视锥细胞，对较强的光照起作用。视锥细胞又分别含有感受红、蓝、绿三个基色中的一个细胞。我们所看到的颜色就来自这三种不同类型的视锥细胞结合的结果。视觉系统对红、蓝、绿，尤其是绿色特别敏感，对不规则光谱的观察灵敏度就要差一些。有天一位客户让笔者观看星光宝石，可宝石聚光手电筒老是出毛病。他说道："这个电筒，我卖给人家宝石的时候最好亮一点，人家卖给我的时候最好暗一点。"这也一语道出了光源的重要性。简单地说，宝石的颜色是对可见光中不同波长选择性吸收的结果。其色彩取决于透射或被反射色光的波长。最终颜色相当于这些波长色光的混合色。其中透射光所呈现的颜色则是被吸收波长色光的补色。如果宝石将光线全部吸收就成了黑色，基本不吸收就变成透明或者白色了。

（2）宝石的自色

凡是由矿物化学成分中的色素离子引起的颜色，我们称之为宝石的自色。例如孔雀石，它是铜矿的共生体。由无水碳酸铜矿中的二价铜离子产生的颜色。矿物晶体呈放射状或钟乳状集合体形式出现，青、蓝、绿相间条纹异常醒目，有点像彩色条形码。又如橄榄石的体色是绿色和黄色的综合，这些黄绿色即为二价铁元素。当铁的含量在12%～15%时，它在铬的影响下呈亮丽的翠绿。古代人们把强烈的黄色橄榄石称为"太阳石"，把黄绿色透明晶体称为"金绿宝石"。参加十字军东征的西欧士兵曾将绿色橄榄石误认为"绿宝石"。

橄榄石晶体

孔雀石矿物

（3）宝石的假色

如由矿物质表面的物理现象而产生的颜色，或来自宝石光学效应的色彩，我们把它称作宝石的假色。假色又可划分为三种：沁色——宝石表面所形成的一层带有各种颜色的氧化膜。晕彩——透明宝石所呈现出来的色环。变彩——宝石吸收不同光波所造成的变幻色彩。

海蓝宝戒面

黄碧玺戒面

光学效应形成的斑斓色彩在澳大利亚“欧泊”身上表现得极为淋漓尽致。艺术家曾对欧泊的色彩作过精彩的描绘：当自然之神点缀完花卉，给长虹涂抹缤纷的七彩，又把可爱的小鸟装点之后，她把余下的色调、颜色全倾注给欧泊了。引起欧泊这种变彩的途径是衍射。当光线通过微小裂隙或微小洞穴时，形成一种天然的光栅，导致日光衍射产生变幻的色彩。这种强烈的游色也叫做“斑”。欧泊的含水量大约在3%～10%，甚至更多一点，使用时不注意便会脱水失色。更有趣的是月光石，它是由纳长石晶体和钾长石晶体构成的。它的排列几乎都是呈平行层状结构，所产生的隐性光泽，犹如寂静夜空里的银色月光，神奇、美妙、楚楚动人。

欧 泊 戒 面

拉长石手珠

翡翠制品（出土旧件）

白玉圆璧（传世古玉）

表面包浆和蚀痕已很熟旧，这是盘玩过程产生的氧化痕迹。

出土古玉（独山玉质，表面沁色较明显，用途尚难澄清）

白玉柄形器（表面有蚀痕、土沁）

（4）宝石颜色的最新研究成果

20 世纪 40 年代至 60 年代，苏联研究人员曾广泛收集了宝石和矿物品种系列。1939 年创立的解释晶质体色彩的理论被广泛用来解释各种矿物的颜色。1970 年前后，英国对矿物颜色的研究与应用有了较大的进展，对各种合成晶体的光学特性进行了论述，对宝石颜色的起源又有了新的认识。在 19 世纪末叶，宝石学家对以往的说法作了新的评估。提出了萤石中的蓝色是由有机物质引起的理论。最近不少人因“金香玉”又引出了一段争议，这是种咖啡色的矿物。据说是钟乳石的一种，能散发出强烈的巧克力味道。

在紫外光下有微弱的荧光。也有人说是一种植物的化石，原本就是用它提炼出巧克力香气的，也有说是蛇纹石的一种……如果确实是天然矿物，或许类似于琥珀煤晶。但它又是为什么会散发香气呢？看来除了研究宝石色彩之外，进一步研究宝石的气息还将是一个新的领域。

金香玉矿物

2．宝石的透明度

宝石的透明度是指宝石透光的能力。由于宝石是自然界的天然产物，它在形成过程中难免会夹带有各种杂质、包裹体和裂隙。这些因素都会影响到透明度。而透明度与宝石的色泽、亮度关系又十分密切，它也是衡量宝石质量的重要因素。可分为全透明、半透明、微透明、不透明。首饰用的宝石透明度要好。用于玉雕工艺品的原料，一般则选用微透明或不透明的材质，透明度太好反而会使作品层次不够分明，冲淡了作品所要反映的材质美、纹理美、色泽美。

托帕石戒指（全透明）

拉长石（全透明）

红碧玺盘钻女戒（半透明）

金绿猫眼盘钻戒（半透明）

芙蓉石戒面（微透明）

刚玉宝盘钻戒（微透明）

孔雀石戒面（不透明）

青金石制品（不透明）

3．宝石的光泽

宝石的光泽是光线照射到物体表面后，反射光所产生的效果。它取决于宝石的折射率和宝石表面抛光程度，以及材料本身的质地，内含物种类的多寡和切工的好坏。

按光泽的类型可分为以下七类：

（1）金属光泽。指具有强烈的金属镜面反光效果和金属质感的光泽。

（2）金刚光泽。指像钻石一样光灿晶亮、折射率高的宝石所显示的特殊光泽。

（3）玻璃光泽。指中等折射率宝石，像红（蓝）宝石、祖母绿、碧玺、水晶等所显示的光泽。

（4）油脂光泽。指具有油脂状光亮，像羊脂白玉、翡翠、琥珀等所见光泽。

（5）蜡状光泽。软玉类宝石，如绿松石、独山玉、岫玉等大多呈蜡状光泽。

（6）丝绢光泽。指质地细腻，且成纤维组织结构的宝石，如孔雀石、木变石、金绿宝石等。

（7）珍珠光泽。指具有珍珠状晕彩。一些拥有良好解理的宝石矿物，如鱼眼石、磷钠铍石等，在平行解理方向也会产生这种光泽。

翡翠摆件（油脂光泽）

沃玉摆件（蜡状光泽）

锡石戒面（金属光泽）

珍珠挂件（珍珠光泽）

绿碧玺盘钻戒（玻璃光泽）

和田青白玉扳指（油脂光泽）

金钻（金刚光泽）

木变石手珠（丝绢光泽）

4．宝石的闪光性和二色性

这是评估宝石质量较好的一个重要标志。

（1）闪光。指宝石表面的反射光、折射光以及内含物质结构所引起的点、线、面的闪烁光彩。

（2）宝光。指由宝石反光层面所形成的综合光芒。

（3）勒光。这类光泽源于宝石弧面聚光所产生的一组较宽光带，类似猫眼效果，但边缘界限不明显，灵动感和视觉上的愉悦感不如猫眼娇艳。

（4）荧光。指在 X 光射线或紫外光照射下，呈现一定颜色的可见光。

（5）二色性。当光线进入非晶质体宝石时，任意方向均有着相同的折射率。而有些宝石在不同方向会显示不同颜色，我们称之为："二色性"和"多色性"。可借助偏振片二色镜和冰洲石二色镜来观察会看得更加明显。红（蓝）宝石、碧玺、海蓝宝等很多中高档宝石都有这一特性，在鉴定检测中很实用。

星光红宝挂件（红宝石重：108 克拉）

虎晶石原石及蛋形宝

月光石戒面

萤石圆球（在暗室内效果，严展拍摄）

5．宝石的辉度

宝石的亮度和辉度取决于两个原因：一是宝石必须有足够的色散值，二是光线进入宝石时必须遇到倾斜平面。折射率和色散值高的宝石，在琢磨时要想得到理想的光芒，最佳状态是琢成圆形多刻面体。色散值越是高，它的闪烁光就越强烈。

对于微透明、半透明的有色宝石，我们则更应注重发挥它的亮度优势，但也要防止亮度过高，掩盖了其本来体色，造成视觉上出现对色泽理解的偏差。另外，琢磨时为了保重量而过分地压缩其切割比例，造成大而不美，这反而会得不偿失。例如石榴石，它的色散值高达 0.057（钙铁榴石），但透明度相对较差：在透射灯下呈鲜红色；在日光下呈褐红色、黑色。光线进入宝石的波长越短，传播速度越慢，它的折射程度越高。所以类似这样的宝石，我们要优先强调它优势的一面，即它那强烈的亮度和辉度，更能充分显示极具个性的特征。

另外，宝石表面的抛光也相当要紧。因为当光线进入宝石台面后，一部分被吸收，一部分被折射和反射回来，抛光的目的就是使这些折射光和反射光形成一个合力的综合光芒、火彩。尽管琢磨时已充分运用光学原理来琢磨它的切割面和临界角度，但光线的折射、反射受宝石内部各种因素的干扰会产生偏移，抛光高手在施艺过程中却能得心应手地予以修复和重塑。所以宝石加工最后一道工序处理得好，就会强化它的辉度，取得令人满意的效果。

刚玉盘石挂件

红石榴制品（铁铝榴石）

6．宝石的质地

宝石的质地，也就是矿物的组织结构。质地又分为隐晶质结构、纤维交织结构、凝胶结构和致密块状结构。致密块状结构的原料，加工工艺性能最好。好的玉石应是质地细腻、结构坚韧、色泽鲜艳、润泽典雅，而又具有一定硬度和天然纹理特征的矿物集合体。翡翠和白玉结构就是纤维状物质明显相互交织在一起，既有硬度又有韧性，不容易磨损也不容易敲碎。

由于宝石的化学成分、内部结构、形成环境的差异，宝石的质地也就各不相同。能作宝石原料，应是“晶体”和致密块状。所谓致密块状，是指细小矿物的集合体，凭肉眼不能分辨其颗粒界限。晶体是指天然形成，具有一定的化学成分、原子结构和物理性质的单一无机质矿物。晶体充分发育后会呈现一定的几何特征，如柱状、桶状、八面体和锥形等。

宝石的质地对于珠宝玉器的加工，是否符合“因材施艺、因料制宜”的原则，以及琢磨风格，加工程序和加工手段是个严峻的考验。

珍珠、玛瑙、翡翠

7．宝石的解理、裂隙、棉绺

（1）解理。当矿物在受到外力作用时会存在一系列沿着结晶方向产生平移、错位和破裂的现象，这是结晶的固有特性。晶体在碰撞后超过了弹性的极限，便会产生一个新的平滑面，我们把这一个面称之为解理面。晶体质点面由于原子间结合间距相对比较大，晶格之间的结合力也就比较薄弱，加上内部应力变化或电性原因等就可能引发破裂。

同一种矿物它的晶体结构是相同的，也就有着相同的解理，结构不同解理也就不同。根据晶体发育程度其中又可细分为极完全解理、完全解理、中等解理、不完全解理和极不完全解理等几种情况。

（2）裂隙。指宝石矿物在形成过程中因不完善而导致的缺陷，加工过程中的振动、受力、温度升高等原因，很容易引起裂纹向纵深发展，直至破碎。

（3）棉绺。也称“隔”或“割”。指不规则展现的次生内含物，或由于应力作用形成的缝隙中所渗入杂质的那部分。

以上三点是宝石材料致命的缺陷和隐患，会影响宝石的利用率和工艺性，殃及经济价值。

红碧玺旧饰残件

刚玉宝石戒面

8. 宝石晶体中的杂质、包裹体、残留物

天然宝石的形成环境复杂，极少洁净无瑕，形成后仍处于地底，遇外力破坏后又会形成新的次生包体。对包体的研究是为了探索判断矿物生长环境、遭受外力破坏、形成次生包体、发生形态改变等情况，以及是否为人工优化处理、合成物等，都是至关重要的依据。很多物质在高温时可以共溶，结晶时形成固溶体，随着外界温度的降低，共溶能力降低，又会发生“出溶”现象。出溶的杂质，迁移距离一般很小，便涌现了大量密集的小包体，聚合成块状、针状、小水滴状……并依某种结构而定向排列。成片的流体包裹体，便发展成羽状、网状、指纹状。有些纤维状矿物，它的生长甚至超过了宿主矿物，从而形成了长丝状的包体。

宝石在形成过程中一般或多或少含有混合物、包裹体和杂质，这就影响到成品的美观和质量。一块好的宝石，不应当留有肉眼可见的杂质、包裹体、斑点和伤疤。包裹体有气态、液态和固态三类，这对成品的制作是个威胁，有时甚至是相当遗憾的缺陷，残留物质对宝石的透明度、色泽、折光率、火头都有严重影响。

碧玺圆珠

9．宝石的形态

当岩石凝结时，由于环境的影响，各个矿物的晶体发育程度不同。就单个晶体的发育完整程度来讲，又可以分成自行晶、他形晶、半自行晶。此外，在玻璃质岩石中，常见雏晶，是分子开始结晶的雏形，构成球状、串珠状、棒状、毛发状等不同的形象。由于凝结太快，分子仅仅刚有初步排列，尚未形成完整的晶体。雏晶再行聚集，后才形成卵状、针状、柱状、燕尾状、纺锤状等微晶。

我们把单种矿物的晶体物质叫单晶体，用在首饰中称之为宝石。由众多晶体聚合在一起的矿物则称其为集合体，它包括无机物质和生物作用形成的有机物质。

理想的晶体，它的内部构造应严格服从空间格子规律，外形也应为规则的三维多面体。但事实上晶体在生长发育过程中受到各种条件的限制，而往往以聚形状态产出，这是一个比较复杂的问题。由于某些特殊原因，或者遭遇某种变化，晶体会呈现奇异形态，如金刚石的凸晶、四面体；水晶的扭曲晶形等。晶体中包裹有子矿物、宿主矿物，或类质同象结晶，这些更是极为普遍现象。

由于地质条件的多样化和复杂性，大多数矿物是以不规则形态出现。尤其是玉石的产出，它可以是块状、片状、叠层状、插嵌状、卵状、劈片状、球体状、多面体、石包玉、玉包石、鸳鸯石……矿物原料外形的千姿百态，具有相对的独立性和唯一性。它的具象、抽象属性，是一项考验我们应对能力、设计方案、施艺手段、机会成本、终端利益的系统工程。如果我们不去注意原料形态的比例、秩序、节奏、和谐、均衡、多样统一的形式法则，就不可能物尽其用、物尽其利，获取最高附加值，并赢得消费者青睐，从而赢得市场。

海蓝宝晶体贯穿于长石、石英、云石间

葡萄玉髓矿物标样

10．宝石的颗粒大小

划分宝石原料的品级和颗粒大小是衡量价格档次的重要因素之一。原料晶体越大，加工时获得高档次成品的机会越大，经济价值越高。如有完美硕大的稀世绝品，那更是价值连城。

江苏石榴石晶体

内蒙古黑碧玺晶体

绿柱石晶体

二、宝石的特殊光学效应

1．猫眼效应

自然界中具有纤维状结构或针状包裹体的晶质矿物，都可以磨出猫眼效应来。据不完全统计，至少有 20 多种猫眼，约占已知宝石材料种类总量的 10% 左右。平时商业上所称“猫儿眼”，过去也称其为“锡兰猫眼”，是指特定的由金绿宝石磨成猫眼效果的饰用高档宝石品种，其中类似蜂蜜颜色（深褐色）的最为珍贵。

宝石内部的纤维组织结构，往往呈管状或线状排列，在琢磨时与纤维组织成 90 度角。宝石弓面的曲率越大，光带越窄越清晰。底部一般不作抛光，可增强折射效果和保证重量。这种使宝石表面弧线穿过宝石的中心，通过平行密集的内含物质的反射，在宝石的表面形成的聚光现象，这时便有如同猫眼的光线在闪烁移动。我们可以做一个实验，把一丝绢材料卷成一细小的圆筒，然后用手电光穿过孔径，光线穿透后在圆筒弧面正中有一条光带，这便是猫眼效果。好的金绿猫眼，在蜂蜜色的弧面正中有一条笔挺的细线贯穿始终，这是条清晰的、闪烁着另类色调的光线。在它的两边还有一条或两条乳白色勒光，在同一弧面上如果确有三条线，而且相当清晰灵活的话，便是绝对至尊的高档“猫儿眼”。

正宗的金绿猫眼，其“宝气”深凝内敛，给人一种特殊的“灵性”感。这种深褐色调在不同的光源和灯光强弱变化的情况下，会闪烁奇异光彩，层次丰富，底气深蕴。当然它的价格也不菲。笔者在“珠玉彙市”初创阶段看到过一颗祖传的金绿猫眼重达 28 克拉，要求估价，后来在海外脱手卖了 10 万美元。

由其他宝石磨出猫眼效果的，在称呼时一般须加前置定语。比较常见的像海蓝宝猫眼、刚玉猫眼、老虎石猫眼、碧玺猫眼、月光石猫眼、芙蓉石猫眼、尖晶石猫眼、祖母绿猫眼、磷灰石猫眼、钠长石猫眼、锂辉石猫眼等。

拉长石猫眼宝（产于内蒙古境内）

碧玺猫眼项链（姚桂田提供拍摄）

2．金星效应

半透明的宝石，由于入射光在其界面上反射会引起干涉，而呈现金光灿烂的色彩。如斜长石矿物、水晶中的绿色云母片、东陵石中的石英碎片、青金石中的黄铁矿杂质等，经反射后均会产生金星效果。此外，还有一种合成的带有砂金石的玻璃制品，俗称“金星玛瑙”，装饰效果很强。

砂金石挂件

砂金石含云母或鳞片状赤铁矿的包裹物而呈红黄色调

合成砂金石戒面（商业名称：金星玛瑙）

砂金石仿品是在深褐色玻璃中加入铜粉、金云母片熔化烧结而成。《红楼梦》第六十三回记述有：“海西弗朗思牙（法国），闻有金星玻璃宝石，他本国番语以金星玻璃名为‘温都里纳’。”“温都里纳”即砂金石。

阿富汗青金石（金黄色内含物为黄铁矿成分）

3. 星光效应

能够产生星光效应的宝石，内部具有两组或两组以上定向排列的包裹体或线状孔穴,因此,星光效应可以看成几个猫眼效应的组合体。在红（蓝）刚玉的晶体中，含有针状的金红石矿物包裹体，它们平行地伸向六角柱状晶体，在各个面上无数的纤细组织密集地排列在一起。这些针状结晶发出的反射光线在宝石的弧面会出现相互交叉的六条光线。这些气、液包裹体（或微细矿物包裹体）的条带丝状构造,使光的反射以一定角度交汇于一点,产生星状光芒,我们称之为“米字六角线”或“星光效果”。其线条又有四条、六条、十二条的区别。好的星光宝石，它的星线应当是鲜明，清晰，并且不偏不倚。习惯上，六条线除了十字形之外，另外一条斜线如是由右上角向左下方贯通，这是比较理想的。如果有垂直于弧面纵轴方向的两条对称的星光线，便无可挑剔，美轮美奂了。星光线不能有断线、少线或残缺现象，否则它的质量就大打折扣。如果只有一些含混的勒光，或星线中间被亮点所掩盖，或根本没有线条可言，其价值就会一落千丈。真正好的星光米字形六角线并不多见，一方面取决于宝石本身是否具备细密的生长纹理，另一方面还在于琢磨的技法是否正确，二者缺一不可。通常，有星线的刚玉宝石往往裂隙、破损较多，这也符合“十宝九裂”的传统说法。如果是合成星光宝石那自然是另当别论。

球状水晶制品（姚桂田提供拍摄）

星光蓝宝石（宝石重：20.09克拉）

西藏太阳石戒面（系中长石矿物）

继美国俄勒冈州以后，西藏是第二个确认存在天然太阳石的地区，并且是在海拔4000多米的高原之上。太阳石色泽多为红色或橙色，绿色及双色、变色的极为罕见。其硬度为6～6.5，比重2.65～2.75，能经受1200℃的高温不变色。

4．方位效应

珍珠表面碳酸钾的微小结晶体，在反射光线的作用下会产生一种像棱镜似的光辉，我们称之为“方位效应”或“珍珠效应”。珍珠层的表皮极薄，光线射入后反射出来时会产生一系列光的干涉过程，而衍射现象又使它产生了特有的璀璨效果。

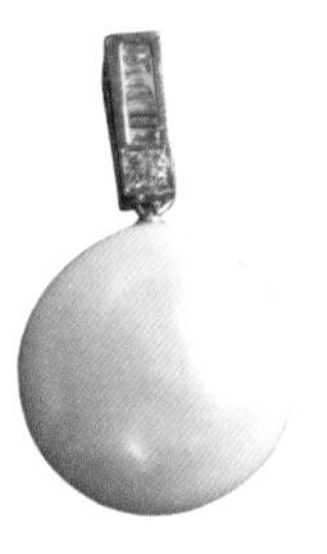

异形珠挂件
（珍珠外径17毫米，重6.93克）

珍珠盘钻戒
（珍珠外径14.9毫米，重4.65克）

5．游色效应

“欧泊”俗称月华石或蛋白石。在电子显微镜下，蛋白石内的二氧化硅球粒呈均匀三维点阵式结构，球粒间由透明或半透明物质充填。孔隙形状相同，距离相等，从而形成一个天然衍射光栅，导致了它具有彩虹般的绚丽缤纷效果，我们把这种色彩叫做“游色”或“变彩”。

白欧泊小摆件

彩色欧泊戒面

6．变色效应

在自然光线和照明光线下，同一块宝石的颜色会发生变化，我们称之为“变色效应”。会变色的宝石就叫变石，变石的吸收光谱介于红宝石和绿宝石之间。在视觉上，变石的颜色取决于入射光。如在阳光下，变石呈绿色；而在白炽光下却呈红色，即产生“变色”。

变色效果见于含铬和钒的宝石矿物，如铬镁铝榴石等，但真正的变石是指含铬的金绿宝石，即亚历山大石。颜色纯正漂亮，在两种光线下呈现截然不同色调变化的金绿宝石在日常生活中并不多见。

绿萤石晶体

7．荧光

某些萤石受紫外线或阴极射线的辐照后会发出荧蓝色的光芒，某些透明晶体也可因金属钙的放电作用而呈紫色。而我们所熟知的“磷火效应”，主要是矿物当中含有稀土元素，在接触交代钙元素过程中，矿物晶体结构产生了缺陷，在外来能量作用下发生了电价变化所致。

带荧光的矿物，当加温到一定温度时（300 ~ 400℃），其颜色可完全褪去，冷却后又恢复本色。加热使晶体内色心遭到了破坏，但钙离子在吸收热量后会释放电子，使空位暂时获得补偿电荷，晶体缺陷再现色心，这是种“热释光”。

也有某些矿物含有特殊的胶状物质或金属离子包裹体等，其在光线照射下发生荧光，这又称为“冷光”、“磷光”，也可解释为光泽光。荧光持续时间较短，而磷光的余辉相对持续时间长一点。

萤石圆球

萤石属等轴晶系，在洞穴中有发育完善的晶形，呈立方体，以浅绿、紫色和紫褐色最为常见。晶面上常具有与棱边平行的条纹，带有玻璃光泽，硬度 4，比重 3.18。为矿脉中金属矿物的共生矿，其熔点高达 1 270℃，性脆，不溶于水，有荧光，加热时会发光。

8. 双折射

双折射的产生，与晶体的非均质性有关，属于等轴晶系的宝玉石。我们已知光从空气中射入晶体时，无论哪个方向产生的折射都是一样的，只有一个折射率。但在非均质性晶体中，光被迫在两个互成直角的平面内振动，折射光就会沿不同方向穿行，光束分解成两个平面偏光。而一个光速较快，一个较慢，就有了两个折射率，从而产生了双折射现象。

检测时我们把最大折射率与最小折射率两者之间的差值称之为“重折率”。重折率越大，双折射现象就越明显。但是大量的玉石因其结晶是由众多的晶体结合而成，尽管每个单晶都有可能产生双折射，但我们看到的是一个它们的平均值，所以检测得到的结果，也只能是平均折射率。

冰洲石晶体

9. 多色性

一些非均质晶系的宝石会具有较为明显的二色性和多色性，这是内部晶格在互相垂直方向上对光的吸收值不同，导致其纵向和横向上呈色的细微变化。晶系特征物化性质不同，呈现的颜色也会不同。一些低级晶簇，它会产生三个方向上的色差，即所谓的三色性。各种宝石晶体，多色性有强有弱，有多色性的宝石晶体一定具有双折射，但有双折射的晶体，并不一定会出现多色性。我们在鉴别时要对着光线，通过“双色镜”来观察会更清晰一点。

蓝刚玉戒指

10. 光彩效应

月光石是光彩效应最为典型的矿物之一。它是钾长石与钠长石的混熔体，其中的正长石和钠长石两种成分层状叠加（以及针状包裹体），在光线的作用下，其内部解理面对光形成了一种干涉和衍射，使可见光产生了漫射和游离的效果。光彩效应也叫月光效应。它还应包括日光石的砂金石闪光和拉长石的晕彩及某些猫眼近似效果。

钠长石挂件

月光石戒面

月光石矿物以正长石为主，也有钠长石或其他成分的混合体。光学效应是因晶体内含有带状或聚片状双构造双光的反射所造成的。硬度6.65，比重2.58，宝石的弧面上有乳白色及带蓝色的珍珠光泽或蛋白光泽呈现。

第四章

宝石加工简介

一、宝石的琢磨
二、宝石的抛光
三、宝石琢磨及抛光原理
四、平面雕刻
五、珠宝饰品的归类和趋向

一、宝石的琢磨

天然的宝石材料，正因为它的美丽、稀有，充满了宇宙成长之无穷奥秘，为世人所青睐，并通过开采、取舍和二度创作，遂使天然的美注入了新的能量。

宝石的美包括外观与内涵两方面。外观造型是将各种几何形态通过有序的排列组合，使其变得对称、协调，充满韵律和节奏，是符合人们视觉观赏要求的脱俗理念的焦点。内在的美则是宝石固有的透度、辉度、色泽、光彩、纹理、质量等诸元素按既定的琢磨工艺和抛光手段来强化它的天然情趣和美感。美源于“自然的人化”，因此，必须遵循各类宝石的性能特征，按照美的规律来加工制作。

各类宝石的琢形

宝石的原形和琢磨后的宝石效果

水晶摆件（玉雕大师沈德盛作品）

极光能加强水晶质地的显示，但也可能减弱和破坏所塑造型的整体观感和主题的细微构思刻划。有了亮光和亚光的比对，光线在流畅的墙面上滑动流淌，不至于产生破碎和跳跃。形式的多样统一，和谐有序，这种艺术再现是实践的结晶，作品表现得如此淋漓尽致，恰如其分，实属不易。

宝石的加工工艺流程为：选料—划线—截料—设计—出坯—精绘—琢磨—抛光—整理。“意在笔先，文向思后”，预则立。宝石材料的选择，工艺流程及工具使用是否合理、正确、到位等诸多因素都会影响到宝石成品的质量。选料是头道工序。尤其是玉质有阴面、阳面，山石、水石、半山半水、活石和死石、活皮、死皮之分。宝玉石的生长发育过程像人一样，处于幼年、青年、壮年、老年各个阶段。它的质地犹如不同年龄的人的肌肤千变万化，滋润纯净，色泽鲜艳，富有精神，自然也就讨人喜欢。肉眼能直接观察到材料的缺陷有这几种：阴、裂、滞、嫩、灰、干、僵、瓷、松、面、暴等。原石经开料出坯后，粗磨成放有一定余量的外形，再按照各种宝石的光学特性，遵循全内反射原理来精心琢磨。不同类型的宝石，其光学性质各不相同，采用的磨削角度和比例也各不相同，在后道抛光时所使用的手段和工艺要求也同样各有千秋。

白玉佩件：和合二仙

水晶摆件（玉雕大师沈德盛作品）

白玉镂雕挂件（联珠纹〝秋山〞题材）

山东蓝宝石挂件（宝石重：127 克拉）

宝石的琢磨按透明和不透明（包括半透明、微透明）两种形式进行。对透明宝石的刻面琢磨我们称为“番宝”、“翻头宝”、“刻面宝”；对不透明宝石的弓形面、圆弧形磨制我们称为“素宝”、“蛋形宝”、“元宝”。还有一种介于珠宝和玉器之间的琢磨形式，行业中俗称“平面雕刻”。是指那些具有口彩题材和象征意义并极富图案装饰效果的花片，如吊坠、挂件、腰佩、插牌、胸针等宝石小件制品，是“苏邦”制作工艺的特色产品之一，同属宝石琢磨加工范畴。宝石琢磨工艺特征可归结为：“因材施艺，固料制宜。”它的原则是“保色、除脏、掩疵。”

刻面型宝石琢磨，关键是角度的准确率和周边的均匀分度问题。至于切割面的多少和大小则要依料制宗原则，并要兼顾到材料的软硬、脆韧、疏密等结构特征及解理方向和生长纹状况来加以区别对待。尽可能将裂隙、僵斑、不协调的色彩、杂质等去掉或隐藏起来（除脏、掩疵）。加工时还必须注意到宝石受热后会发生变色、爆裂、应力变化等引起的种种不测。

祖母绿盘钻戒

红碧玺爪镶女戒

翡翠盘钻元宝戒

翡翠马眼宝全色边镶盘钻戒

刻面宝石的质量要求是棱线挺拔对称，角度准确无误，造型不走样。符合保色、除脏、掩疵的施艺原则。将宝石修饰到最佳“火彩”状态，既要保持材料最大外径尺寸，又不能有透底漏光现象。而对祖母绿宝石的琢磨一般都是以方形或长方形的特殊切割形式出现，我们称为“祖母绿琢磨法”。其基本形状是一个四方的八角形桌面，台面和亭部切割成阶梯形。琢磨比例以“黄金分割”为最佳状态。但在实际生产过程中,因原料的稀有和贵重，其琢磨比例一般是由宝石的颜色和原始形态所决定。尽量向理想型琢磨角度和刻面工艺要求来靠拢。但也有单纯追求保分量而舍弃合理准确的琢磨比例的现象存在，结果造成大而不美，“捡了芝麻丢了西瓜”。多色性宝石的定向，鲜艳的颜色应放在与台面垂直的方向上。当颜色呈现浓淡逐渐过渡或呈色区时，应使颜色变化的方向与台面垂直，并使颜色鲜艳的部分放在亭部的位置。有些电气石，C 轴方向为深棕绿色或深橄榄绿色，而垂直于 C 轴方向为草绿、蓝绿色，此时应注意将台面平行于 C 轴方向，颜色则可显得纯正些。

刻面宝石的造型可以有无数变化，例如圆形、方形、棱形、星形、雪花形、风筝形、盾形、花瓣形、多角形、心形……有些异型则是在上述众多花型基础上的局部改变和刻面大小多少的变化而已。所有这些外形的琢磨都是在因料制宜状况下利用最经济的途径来取得最大的经济效益。惜玉如金，琢玉有道。刻面宝的琢磨，传统手法是通过磨盘、磨料和八角机械手等工具来完成的。目前先进的工艺可通过电脑设计和智能型设备来进行自动化批量生产。但一石一世界，一玉一宇宙，高档的宝玉石资源不可能完全依赖机器流水线操作，这也是宝玉石的可贵之处。

刻面宝石的各种造型变化

蛋形蓝宝石（蓝刚玉）盘钻戒

芙蓉石钻镶元宝戒

蛋形素面宝石的琢磨，外形以白果形为最佳。弓面要和顺、饱满、纵轴线不偏不倚。开面大小不论，但视觉上圆弧面要有弓势，有“肉头”。过于扁平、单薄、不对称、厚度不均匀、有明显瑕疵的都会影响成品质量。马眼形戒面则要磨得越像马眼越好，切忌中间过阔，两头不尖，轴线歪斜不对称。做鸡心则要求两面弓势饱满，尖头下垂对称居中，大小厚薄适度。素面型宝石一般是把料开成相应的粒子之后，将毛坯颗粒通过火漆粘附在竹竿（也可以是铜杆或铁杆）的顶端,手持把杆将宝石逐一进行粗磨、细磨。也可以大把抓在手上，在磨盘上来回滚动磨制。高质量的翡翠和可磨出猫眼效应及米字线星光宝的宝石一般就直接用手抓住边沿边磨边观察，及时修正。在磨翡翠戒面时，弧面和底部的互相照应尤其重要。笔者有次观察一位资深的宝石工艺师，在加工一粒外贸提供的高档翡翠旧饰戒面时，发现它的底部有棱有角甚是奇异，感到不可思议。老法师感慨地说：这是过去的磨宝高手为了使宝石弧面上产生聚绿的效果，精心设计磨削留下的痕迹，我如果一不小心擦掉一个底尖，绿就可能失散了，绝对不可轻举妄动。对翡翠戒面来说“绿”就是“钱”。这种特殊的保绿、立绿、聚绿“秘诀”，只可意会不可言传，有时真可谓“增一分太深，减一分太淡”。市场上许多磨得“失色”的宝石，便可能在黄金镶嵌时采用“托底”（看不到宝石底尖）的方法来加以弥补，甚至内部作假来增强它的色彩。

行业中早期的开料是通过自制的木质框架，装上轴杆，利用脚踏手拉来驱动轴杆上的圆形铁片并不断加入磨料来产生切削力。框架的平面上置一铁锅，里边盛满解玉砂浆水，连续涂于铁片表面。有时石料过重，一只手托不住，就会用杠杆将大料吊起来。小青年学生称之为“馄饨担”。纤砣铁片厚度、大小则要根据所截材料来决定，也包括解玉砂的选用。铁片须经常取下来进行校正，俗称“敲片子”，解玉砂也要经常进行清洗、筛选、粗细分类，需有专人进行，我们又称之为“敲砂”，因为金刚砂和泥浆沙石久而久之会沉淀结块。好的高档宝石料有时纯粹靠一根细钢丝蘸上解玉砂，像拉锯一样来回“慢笃”，有时还只能用极细的钢针一点一点地将脏的地方抠出来，绝对不能大刀阔斧地用截、斩、劈的办法把不干净的地方去掉。慢工出细活，更主要的是为了保色、保重。直到 20 世纪 70 年代初才有人造金刚石玉雕电镀工具闻世。这是一种以硬质合金为基体镀有钻粉层的新型磨具供高速玉雕机配套使用，又分压制和镶嵌两种形式。压制工具是用金刚石钻粉和黏接剂调和之后放入模具内定型并和基体一起在压机下压实，再放入高频炉内烧结，通过表面电镀、修饰、整理等多道工序制成产品。它也可以是全钻粉的。镶嵌式锯片，则是将钢体圆周铣成齿形凹槽，然后把烧结好的金刚石齿条逐一镶入槽内，通过焊接固定在基体上，这种镶嵌式锯片的最大特点是金刚石齿条磨损脱落后可随时予以调换，除了常规规格尺寸外亦可根据客户要求把外圆直径制成特殊的规格，照应大料的开截。特大的锯片可放在轨道内自动进刀，非常方便。金刚石锯片的试制成功大大提高了宝玉石的切削速度和精度，也解决了刀缝损耗过大和铁片“卡壳”的难题，为电动玉雕机提高转速提供了可靠的保障。

金刚石玉雕工具品种大致上有以下几类：斩砣片——截外形出坯用。压砣——有斜口和平口之分，用于较大平面的粗线条勾勒并使其和顺。扎眼——外形是铁钉状，“钉头”用于花纹的拐角和底脚清理，使构图连接处不留过渡痕迹。勾砣——用于表面细微刻痕，俗称补阴沟。搭头——用于钻孔、打眼。杠棒——用于毛料表皮的磨削，圆棍状前端吃肉面大、力道足。钻——专攻“踏地”（凹陷洼面）。顶针——橄榄形磨头，用于较大较厚壁孔。将磨头装在轴杆上，插入高速玉雕机的轴套内夹紧，琢磨便可施行。若遇到难以下手之处，还可自行设计各种异型的特殊工具，用于各种点、线、面、内孔、内壁等特殊部位的镂琢，确保加工的质量。例如掏炉瓶的内壁，做活络连环套圆球、中空等雕件。玉雕机分卧式和软轴机两种，软轴机也叫“吊机”用来加工大型玉件（俗称吊马达），把磨头握在手中，材料置于工作台上，可同时容纳几个玉雕师在上面作业。所用吊马达和牙科医生用的磨具类同，可作任意方位的操作，较少受到设备场地的限制，家庭作坊应用比较随意。

二、宝石的抛光

琢磨好的宝石，还要进行一定的抛光，才能呈现出它最美的一面。不同性质宝石的抛光，除了与操作方法和熟练程度有关外，适当选择抛光材料和抛光盘也有一定关系。

抛光剂是一种特殊的磨料，它与琢磨用的磨削材料有一定区别。通常对这些抛光剂的要求有以下几点：①外观均匀，不含杂质；②粒度基本均匀一致；③有适当的硬度和比重；④有一定的表面活性；⑤有良好的分散性和吸收性。

常见的抛光剂有：①二氧化硅，俗称硅藻土。化学分子式为SiO_2，矿物成分以石英为主。多用于玛瑙、翡翠等韧性较大的宝石或部分高硬度的宝石的抛光。②氧化铬，俗称绿粉，其化学成分为Cr_2O_3，多用于中硬和中软的宝石抛光。③氧化铈，化学分子式为Ce_2O_3，色泽粉红略带微黄。对于脆性的中硬度宝石抛光效果极好，一般配制成研磨膏，进行抛光作用。④三氧化二铁，俗称红粉，化学分子式为Fe_2O_3，深棕红色，多用于中硬以下的宝石抛光。⑤氧化铝，俗称刚玉粉，化学分子式为Al_2O_3，呈白色，多用于中硬以下的宝石抛光。⑥二氧化锆，化学分子式为ZrO_2，呈浓艳红棕色，用于较软宝石的抛光。在所有的抛光剂中，天然金刚石粉，也称为钻粉是最理想的抛光剂，它与其他合剂调配成研磨膏，使用效率相当高，但其价格昂贵，成本比较高。

有了抛光剂，还应当有合适的抛光盘来实施。高硬度的宝石，应使用沥青盘或锡铝盘，抛光剂以刚玉粉和钻石粉为好。对硬度低的宝石，则应选择软面盘和氧化铬、二氧化硅等抛光剂来进行抛光。

凸面型宝石的抛光设备与细磨工序基本相同，抛光工具也与细磨工具有类似之处，抛光工具通常用木料、塑料、沥青等制成，抛光剂在抛光中一般用量不大，用水或其他分散剂混合成糊状或研磨膏形式来实施抛光。刻面型宝石的抛光分为冠部抛光和亭部抛光两部分。

抛光工艺是玉雕生产过程的后道工序，是对雕刻产品艺术表现力的二度精加工。它不仅仅是在原作上“依样画葫芦”把它“锃锃亮”。而是一个“三分雕象、七分意象”的过程。通过细致精心的打磨抛光，把玉料的质感、纹理、色彩由内而外地体现出来，变得晶莹剔透。“三分做七分抛”。它的要求是造型不走样，细节不含混，顶撞顺纯，光亮清晰，勾线处要切根，表面无砂痕，无水印，达到再现质地美的要求。抛光师傅就像高级美容师一样，不但给你外在美，还在于激发内在的潜质。珠宝玉器也同理，经抛光后精、气、神全都焕发出来，使其更富艺术感染力和揭示宝石天然成趣的奥妙。

抛光工具的选择，完全是应料施艺的功夫，而抛头的造型更要随机应变，利用合适的金刚砂磨料混合了红火漆和松香调制成腻子，选择粗细适中的轴干，把火漆放在酒精灯下烘烤变软后黏附在轴干头上给产品上光。在抛光过程中，还要不断地用手指蘸上抛光剂来施行从粗到细的打磨。火漆制成的抛头，我们称之为胶砣。砣子又分成：大砣子，用于大面积外形表面的抛光；中砣子，用于大砣子走不到的地方；五砣，在比较粗糙的表面进行粗磨；六砣，在五砣基础上进行精磨；皮砣，末道抛光，除去细微的抛光痕迹。对于特殊的材料，老的抛光师傅也有用毛竹、葫芦、樟木、皮砣、布轮、羊毛毡等来操作的。皮砣以河南黄牛皮最好，俗称软盘，外径不宜太大。有时碰到坑坑洼洼或镂空的细微处，还得用小的布条、棉纱线蘸上抛光剂来回在这些地方进行打磨，或将水砂皮、油石等交替使用，为琢磨时没有走到的地方进行修整。白玉制品现在不再用传统抛光工艺，而基本上用手工逐一打磨，这也是在施艺过程中得出的经验，市面上较为流行。对批量较大的产品目前则用滚动式抛光机加磨料抛光剂来实行抛光，或用超声波震动进行抛光。在琢磨抛光之后，后续整理则要用加热后的碱水将产品洗干净，然后上蜡、烘干，可掩去某些缺陷，使外观更光亮。

三、宝石琢磨及抛光原理

宝石琢磨和抛光是一种综合效应，是物理、化学共同作用的结果。琢磨的概念是用超过被切割物质硬度的硬质磨具去磨削工件表面，以达到符合工艺设计要求，彰显光学效应、物化特征，整体完美的饰用宝石成品。

琢磨可以有两种方法：一种是用松散的颗粒磨料与水融合成悬浮物，附着在特制的工具上，借助琢磨时的压力和工具高速旋转产生的冲击力、振动力，随着材料内应力的释放，促使宝石表面不断被挤压出碎屑，并逐步形成更深的破坏层，从而达到施艺目的。另一种方式是将磨料借助黏合剂，固化在其他物质的基体上，通过裸露在磨具表面磨料的尖锐棱角，通过机械装置调整切削速度和操纵力度，在冷却液的水解和热力作用下，逐步完成琢磨、切割。

尤其是在琢磨某些硅酸盐类宝石时，冷却液的水解作用所产生的硅酸薄膜，其膨胀的体积使碎屑的挤出速度加快。但使用磨具也有不足之处，一旦磨料的尖锐棱角部分被磨损，扩大了接触面，材料的表面压强就会逐渐减弱，导致了切削能力的降低，影响到工时效率。

作为玉雕工具的重要辅助材料，所使用的磨料必须具有坚硬、耐高温、化学性能稳定、不易破碎、颗粒带有尖锐的棱角等特质。早期的磨料大都采用刚玉粉、玛瑙砂、石英砂、硼砂等。现在使用得最普遍的是人造金刚石钻粉或碳化硅材料。对于同一种磨料来说，它的颗粒有粗有细，用几号“砂”也就是俗称的几“目”，目数越大，它的粒子越细。不同的目砂，用在不同的加工程序和所要施艺特定相关之处。几号砂的确认，是用整套的筛子来进行分类，是以筛网每平方厘米能通过的颗粒数量来衡量，又可划分为细砂、中砂、粗砂等几个类别。

抛光过程包含有两层意义：一是琢磨出坯后的后续精磨，通过更细的研磨材料，将前道工序留下的粗痕、细痕和不够精确的地方予以修正，使宝石获得新的光滑明亮的光学表面。二是抛光时，抛光剂在宝石表面局部地方形成抛光热，产生热塑变形和面层融液，以致熔融物质凝固成一种流动的非结晶薄膜。这是抛光瞬间抛光剂和抛光材料在高温热量作用下所促成的一种共熔体，导致最终的抛光。

还有一种特殊情况，如某些软质抛光剂也能抛光比其硬度大得多的宝石，这可能是化学作用或抛光剂充填微孔固化的结果，其效果就像给木头涂层清漆或用蜡上光一样。

俄罗斯白玉仔料挂件：钟馗

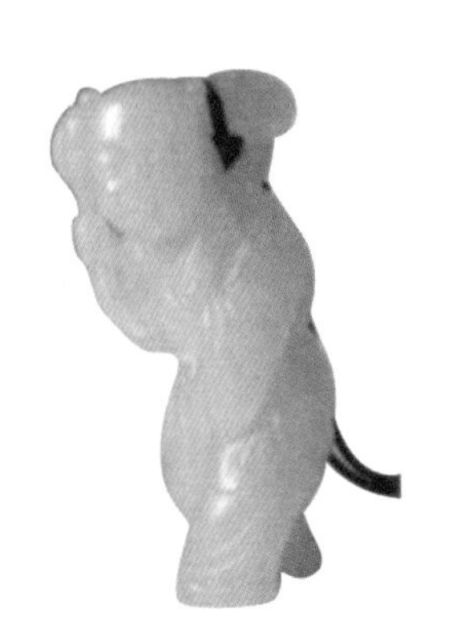

白玉摆件：持荷童子（旧件）

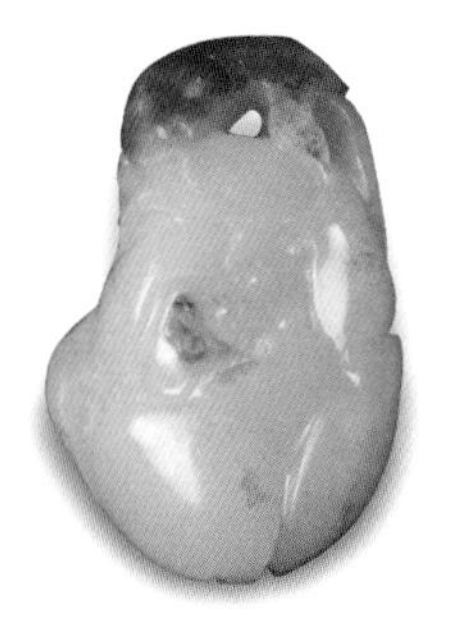

种田白玉仔料把玩件（沈德盛提供照片）

四、平面雕刻

1. 平面雕刻工艺品的属性

珠宝与玉器属于两种类型的商品，既有相似之处，又有不同特点。珠宝一般与首饰有关，它是用各种天然的翠、钻、珠、宝作为主要原料，并与金银镶嵌工艺紧密相连，红花绿叶，相得益彰。其中作为常用的挂件、翠、宝的制作工艺我们称之为“苏邦”做工，起源于苏州同业之特殊技艺。苏邦小件的制作对料的要求比较高，一块翡翠璞石往往先挖“眼睛”，把核心部分的“绿头”取出来，做成坯料、半制品，然后再设计打样，施以各种雕琢技艺，使其锦上添花，身价百倍。苏邦工艺最有特色的精华部分，我们称之为“平面雕刻”。这是一种介于宝石工艺和玉器工艺两者之间的一个特殊形式。它的功能近似首饰，但又不完全是。它是以装饰性和把玩性相结合的吊、佩、挂、插、玩等一类小型的观赏件为主。与玉器雕刻品最大的区别在于玉雕是全方位立体雕刻摆件。苏邦工艺是在平面上进行錾刻，流行一面工。它的特点是通过在原料表面利用阴刻线条来勾勒本体的形状，它所表现的立体感是指通过在平面上“布阴”的手法，形成一种视错觉。利用线条的疏密排列，互相穿插，深浅呼应，横竖交叉，长短对比，斜刀切入等手法，来构成一种强烈的纵深感，但又是一种协调同和谐的高度统一。如做“叶”就要使叶翻转曲折、变形、合理的夸张。刻山水其境必远近有别，刻文字无论阴刻阳刻，都在于诠释书法的艺术形态。艺术不仅要再现现实，而且还要解释现实，艺术不是对现实的复制，而是创造幻

想。一件好的平面雕刻品有形，有色，有题材，把握住运动的瞬间，凝聚着力的结构与流畅。这不仅要有娴熟的琢玉技巧，还要有素描绘画的扎实功夫，包括篆刻文字的笔力。国画中的许多花鸟虫草、瓜果瑞木、飞禽走兽，写意写实的画面都可移植到玉的创作题材中来，通过表面布局上的节俭来突出小中见大，以少胜多。所以平面雕作品对料的取舍特别在意，玉料外观尺寸一般都比较小，对俏色的编排是否讨巧，是否紧紧围绕口彩内涵，是否把玉的一切美好层面突现在局限的原料上，这些都非常讲究。老子说："大音希声，大象无形"。平面雕刻作品就善于运用花纹的装饰性构图，借景移情，从而达到情有尽而意无穷的境界。它讲究线条的形式美，通过线条的复杂多变，把观赏者带入视觉上的质感和美感。用 C 形、S 形作"引线"配合极易产生透视感的深浅斜线，来完成构图艺术化和逶迤连绵的委婉之情。材料的点睛之处，则作细致入微的"详述"，尽可能将材料用足，用在刀刃上。特别留意"好玉不琢"，保留材料的"高色"及"此时无声胜有声"的艺术效果。既要强调除脏、保色、掩疵，又要有"变瑕为巧"的匠心独运。老一辈制作艺人颇有感慨地说："吃遍天下手艺饭，磨玉最苦也最难。五年不满师，十年不成材。"平面雕刻最基本的造型要求也很严格，例如：瓜果的表面要圆润；花、叶、藤、茎的表现则要线条流畅、分明；花片造型一定要对称；边缘的齿口要小、浅；钻眼处的孔要隐秘。挂坠、握件造型则以上小下大为主，花纹布局合理、和顺、丰满，线条清晰、"生辣"、"煞根"。还要考虑原料的正反、阴阳、死活、色彩的张力，佩戴时的舒适度，无明显缺陷，口彩题材的从众性等。

2. 平面雕刻工艺品的制作特色

沪上老一辈的平面雕刻艺人如翡翠佩挂件制作高手袁承培、花草制作高手吴瑞泉、抛光能手袁瑞生、玉雕工艺师颜高明等，他们的作品，他们的技艺，至今仍为行业内外所津津乐道。过去东南亚一带的珠宝商都是指名道姓请他们亲手加工制作。当年外贸曾送来一件上好的翡翠料，色正、绿浓，质地也很好，但正面中间有条很长的绺。吴瑞泉师傅经反复推敲，在没有裂纹的一面用大手笔刻了一根细细浅浅的藤，再搭上几片小叶，在有绺的一面做了两个长瓜，下端深翡的地方雕了一只蝴蝶，意为瓜瓞绵绵(瓜甜蜜蜜)。整个作品经制作后变得通体无瑕，客户看后赞不绝口。上海珠宝玉器厂工艺师平爱珠女士，不但书法绘画功底深厚，对平面雕刻也非常有悟性，心灵手巧。她曾为外贸加工过一块翡翠石料，其接近表皮面上有红有绿，还有斑斑砂皮，内里有较完整的块绿，但有绺。平爱珠将料出坯后先用工具把砂皮、黑斑去尽，经反复琢磨后，设计了一件“福、禄、寿”挂件。老寿星笑容可掬，手捧鲜红寿桃，斑驳的妃色砂皮处设计成活泼可爱的梅花鹿，画面的绵绺处则巧妙地构思成舞动的蝙蝠，上下翻飞。完全利用了翡翠的原有色彩，恰到好处地编排。原料和题材均符合“福禄寿”口彩（三种颜色在同一块翡翠料上也称为“福、禄、寿”）挂件一经琢成，行家们都爱不释手，好评如潮。该厂的一批中青年技师在一代一代传承前辈技艺的过程中积累了许多“平面雕刻”的绝技，曾应日本国的邀请，组团前往东京、大阪等地献艺。

3．平面雕刻工艺品的杰出代表人物陆子冈

琢玉大师陆子冈是平面雕刻作品的杰出代表，在这一领域至今无人能超越。《太沧州志》载：“凡玉器类，沙碾。五十年前州人有陆子冈者，用刀雕刻，遂擅施。今所遗玉簪，价一枝值五十六金。子冈死，技亦不传。”据《苏州府志》记载：“陆子冈碾玉妙手，造水仙簪，玲珑奇巧，花茎细如毫发。”其作品飘逸脱俗，俊秀逼真，巧夺天工。他所琢制的水仙花玉簪玲珑剔透，纹饰细如游丝，花朵娇颤，有露涓云润之妙。后人也曾竞相仿制茉莉簪、绞丝簪，但无论如何达不到如此高度。陆子冈名气最响的还是“子冈片”也叫“子冈牌”的。这是一种长方形的玉佩，一面雕刻山水或人物，一面雕刻诗文，顶部留有小孔穿绳。自问世以来，历代效仿者乐此不疲。笔者在上海珠宝玉器厂任职期间，曾见到过镇厂之宝——羊脂白玉子冈牌。其正面雕琢的是茅屋掎角披露，一老翁垂钓水中，颇有“独钓寒江雪”的诗韵。刀工洗练简洁，线条流畅无痕。人物风情气息浓厚，虽距现代远隔四百年，但今日视之仍倍感亲切。背面刻有阳文数行，踏地平整，字体豪迈苍劲。当时全依实物把字描了一遍，限于学识有限，尚有数字不辨。落款处有“子冈”二字。据老法师讲是否真品还吃不准，但应是陆子冈同时代的高手或他的家人仿制的可能性比较大，已属非常罕见了。据传陆子冈一生只做了九十九块子冈牌，流传至今可想而知其稀有珍贵。作为“平面雕刻”的实物样板仅此而已，流传到现在。《达古斋博物汇志》说子冈选玉曰：“陆子冈，明时人也，选玉作器迥异恒流，在都中与士大夫抗礼，非寻常玉工所能比拟也。子冈所异之点详陈如下：子冈作器必先选玉，无论有微瑕者概置弗用，即稍带玉性者亦置弗用，故子冈所用之料或青或白通体皆浑然一色。子冈画篇布置皆近情理，即他人不经意处亦经营惨淡

以为之，如刻一新月，则必上弦而偏右。刻一晓月则必下弦而偏左，其详人所略有如此，故子冈画法虽吹毛求疵亦无一疵可指焉。子冈所造之器皆均平如一。无或深或浅之处。而所刻之字大率皆是阳文，笔意转圆，与写于纸上丝毫不爽，盖子冈书画作工皆出己手，不惟善于治玉，亦且以书画名家也。”陆子冈的琢玉，无论是画面还是文字都是本人一手落，而且平面相当清爽无瑕可击。上述文字说的就是“子冈牌”的艺术特色。在器皿制作上他同样成就非凡。陆子冈曾经做过一只“紫晶梅花瓶”，瓶身紫色，梅花白色，充满诗情画意，主题突显，且非常的雅致。他所雕的白玉觚，觚盖薄，而且有十三连环，镂空技术已达到极高水平。现今故宫博物院收藏有“青玉婴戏纹执壶”“山水人物方盒”“青玉婴戏洗”等实物均出自陆子冈之手。苏州能有这样的琢玉大师，其前必有揣摩，其后则成垂范。

封建社会里，玉器艺人被称为“玉器叫花子”。前辈艺人还自编了一首顺口溜：“一天到晚，二脚奔波（桌凳靠脚踏手拉操作），三餐不饱，四肢无力，五心烦躁，六亲不认，吃辛受苦，八方躲债，九上难关，实在难捱。”做好的玉器为世人称赞，艺人却不为人知。而陆子冈每琢一件玉器都会在上面留下自己的名字，因此世人统称陆子冈所作之玉为“子冈玉”。明人张岱在《陶阉梦忆》一书中也叙述道：“陆子冈之治玉……俱可上下百年，保无敌手。但其良工辛苦，亦技艺之能手。至其厚薄深浅，浓淡疏密，适合后世之鉴赏家之心力目力，针芥相投”。“子冈”二字据记载和仿冒落款署名来看尚有“子岗”和“子刚”等不同写法。目前市面上都用俄罗斯白玉和青海白玉来做子冈牌，好的价格也要在数千元一片。如用和田玉山料或仔料来做，价格就要在上万元，甚至几万元一片。目前仿制得最好的仍在苏州，这种工艺的承袭渊源，不是几代人能轻易取代的。宋应星在《天工开物》一书中指出：“良玉虽集京城，工巧则推苏州。”尽管在国内玉雕界巧匠高手已遍地开花，但平面雕刻这一枝独秀的苏帮做工仍占据了珠宝工艺的主导和核心地位。她只是玉器工艺中的一个小品，但它的受众面和覆盖率却是当今玉器产品中最高的。在中国历史上比较著名并留下姓名的玉工有：秦代的孙涛，用蓝田玉雕传国玉玺；西汉玉工丁缓完成的玉衣；五代颜规的玉观音；明代陆子冈；清代的袁景邵、陈廷秀、姚宋仁、金振环、周文玉等五十几人。

五、珠宝饰品的归类和趋向

珠宝饰品演绎至今，大致可分为古首饰、旧饰、时饰和现代首饰几个阶段。古首饰是指远古时期比较原始粗犷抽象的那些串饰、佩组玉、葬玉、礼器玉。旧饰是指清末以前的官饰及贵族用饰。旧饰的特点是饰物形制都为扁平体。例如翎管、扳指（班指、搬指）、押发、兜幅、帽正、鼻烟壶、带勾、带板、扇坠、花片、背云等。时饰是指晚清以来流行的民间饰品。如戒面、鸡心、元宝、锁片、簪、钗、别针、吊坠、挂件等，大多与金银镶嵌配伍。现代首饰则采用多功能配套系列组合为主，突出个性，彰显品牌，不断推陈出新引导潮流。在材料的应用上更是五花八门，可以是天然的竹木藤柳、贝壳皮革、羽毛发鬃、角爪骨齿，也可以是塑料、玻璃、合金材料、人工合成代用物品。珠宝饰品外延的不断扩大，带动各种边沿艺术和高科技手段的融会贯通，这也是玉雕传统工艺具有顽强生命力的一种激励因素。

清朝以后，玉器摆件作为观赏对象的价值与日俱增。由当初构思简单的花鸟、人物、走兽之类，演化至今日的人物、花草、鸟兽、炉瓶、山水等五大类为主的玉器雕刻工艺品。玉器摆件的制作，它是以整块璞玉为基础，通过切、割、琢、磨、镂、钻、雕等加工技艺，制器状物，巧夺石色。制作一般耗时较长，对料的要求不是顶苛刻，有较大的随意性和偶然性。题材的构思、巧色的利用、雕刻的缜密，是获取高附加值的主要手段。玉器摆件、平面雕刻、珠宝首饰这三个大类品种，基本构成为我们平时所指的珠宝玉器的所有商品形式。

第五章

常见的矿物宝石

一、钻石
二、红宝石、蓝宝石
三、祖母绿
四、金绿宝石
五、海蓝宝
六、电气石（碧玺）
七、尖晶石
八、石榴石
九、黄玉（托帕石）
十、水晶
十一、欧泊
十二、橄榄石
十三、芙蓉石
十四、月光石
十五、锂辉石

一、钻 石

“钻石恒久远，一颗永流传”，这句颇为隽永的广告用语，得体地道出了人们对天然钻石的眷恋之情。传说纪元前，希腊天文学家麦尼利乌斯（Manilius）命名金刚石为阿达麦斯（Adamas），意为坚硬无比、无法征服的意思，后演化成英文名为Diamond。未琢磨前的钻石原石我们称之为“金刚石”，琢磨后才称“钻石”。钻石进入我国则始于晋朝，在古书中亦有称“舍利”、“如意珠”、“削玉刀”、“夜光珠”等。

金刚石生成于金伯利岩和钾镁煌斑岩中，碳元素在1 100 ~ 1 800摄氏度的高温下，经4万~ 7万大气压形成金刚石。可以是原生矿，也可以是砂矿。往往又同橄榄岩（橄榄石、斜方辉石、镁铝榴石）、榴辉岩（铁铝榴石、单斜辉石）共生。它的化学成分主要是碳(C)，尚含有微量的氮(N)、硼（B）、铍（Be）、铝（Al）等杂质。根据所含微量元素的种类和含量，金刚石又分为两个类型的四个亚类，即Ⅰ（Ⅰa、Ⅰb）型和Ⅱ（Ⅱa、Ⅱb）型。Ⅰa型含氮量为0.1% ~ 0.3%，98%的天然金刚石均属此类；Ⅰb型含氮量低，自然界中较少见；Ⅱa型不含或含极少量氮，以自由态存在，具有良好的热导性，解理较发育；Ⅱb型含微量硼、铍、铝等各类元素，具半导体性，常有弱蓝荧光。Ⅱ型的产出约占金刚石总量的2%左右。

经常会遇到消费者问同样的问题：“这是南非钻吗？”有时很难回答。从金刚石的物性来说，它们是由同一种物质——碳元素组成的，以往宣传得比较多的是南非钻、印度钻，这只是因彼时该产地的开采量较大，较多进入国人消费市场。而实际上目前澳大利亚钻石产量已占世界第一位。同样过去一提俄罗斯钻，消费者就以为是“锆石”，但俄罗斯钻石产量也是世界上屈指可数的大国，它的车工也是一流的。

1. 钻石的特征

钻石的硬度是世界上所有物质中最高的一种，被视为“永不磨损”。原子晶格属于立方面体，碳原子间联结十分牢固，导致金刚石具有高硬度、高熔点、高绝缘性和强化学稳定性，以及耐强酸、强碱腐蚀等特性。它的比重在3.52，折射率为2.417，色散0.044。金刚石正是由于它的高折射率和强色散而呈现光辉灿烂、晶莹似火的金刚光泽。

硬的东西往往又带有一定的脆性，要研磨、刻划、压碎它不容易，但顺着它的解理、裂隙要劈开它，还是轻而易举的事。因此钻石的硬度具有很强的方向性。它的原生矿常呈连体、插嵌、双晶、三角四相出现。晶形主要是八面体、十二面体、四面体、四角三八面体、八面体和立方体的聚形。

密镶钻石戒：小天使

我国辽宁省瓦房店发现的四面体金刚石是极为罕见的一种。

钻石的导热性是已知物质中最高的，与热传导率极高的代表物质铜相比仍高出数倍。在鉴定中我们就是利用这个特性使用“热导仪”来测试，可与其他物质明显地区别开来。在没有仪器的情况下，我们不妨在钻石的表面“哈”口气，如果水气很快消失，说明可能是真钻。如果是仿制品，气雾消失相对慢一些。

钻石的压缩率值极小，温度对它的体积大小变化影响也很微弱。它还有一个特点就是亲油疏水（易粘油污），肉眼鉴定时可利用这一特性。我们可在钻石表面滴一滴清水，如果是真钻则水成散射状，如果是假冒制品水滴上去会凝成一水珠，这也是简易的区别方法之一。

钻石的闪烁光芒有三个要素即：

（1）亮光（Brillance）：白色光自内部或外部反射出台面的能力。

（2）火花（Dispersion）：又称色散，即钻石将白色光分离成各色光的能力。

（3）闪光（Scintillation）：钻石刻面的反射光，由于宝石光源或观察者视线转移所呈现的变化。

未经加工琢磨的金刚石，尽管它具有金刚光泽，但还远远达不到人们在商场中所见到成品钻石的光芒，真正要使它光彩夺目，必须使照射下的自然光（尤其是在加强的入射光线下效果格外明显）通过钻石的冠部全部予以反射，展现它特有的强色散，而且要使通过亭部的折射光也能参与整个钻石的闪烁效应，这两股力量磅礴而出，就形成了独一无二的金刚钻的火彩“窜势”。

钻石的内在因素颜色、净度是天然形成的，而通过人为的琢磨却又是撷取它最佳状态的外因手段。随着科技的不断发展，钻石的琢磨外形变化越来越大。常见的有圆钻形、梨形、玫瑰形、祖母绿形、方形、水滴形、椭圆形、橄榄形、心形、三角形……琢磨的目的只有一个，在金刚石毛坯原石的基础上，既要省料，又要符合光学原理使其焕发璀璨光芒，在兼顾二者的原则下达到最理想的效果。之所以钻石有的闪闪发光，有的黯然失色，问题出在车工上。

影响“出火”另外还有一个因素，即钻坯的质量。有的钻石内部会有一层雾状的物质，我们简称为“朦”，而在实际商贸中，却往往会忽视掉，商家也会“打哈哈”，实际这是质量不高的表现。

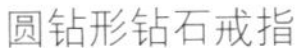

圆钻形钻石戒指

施华洛斯奇钻石（人造钻石）

2．钻石的“4C”标准

16 世纪以前，钻石的品质是根据重量和形状来划分的，后来巴西钻石以及南非钻石的发现才促使人们开始注重颜色和净度。1950 年 GIA（美国珠宝学院）推出全球第一套钻石分级制，有效地解决了钻石等级评定的模糊空间。随着“4C”分级制度的日趋完善，钻石等级分级体系已成为全球珠宝市场中专业人士和消费者沟通的语言。衡量一颗钻石价值高低的分级标准包括重量、颜色、净度、车工。这四个方面英文中第一个字母都是 C 字打头，故称之为“4C”标准。

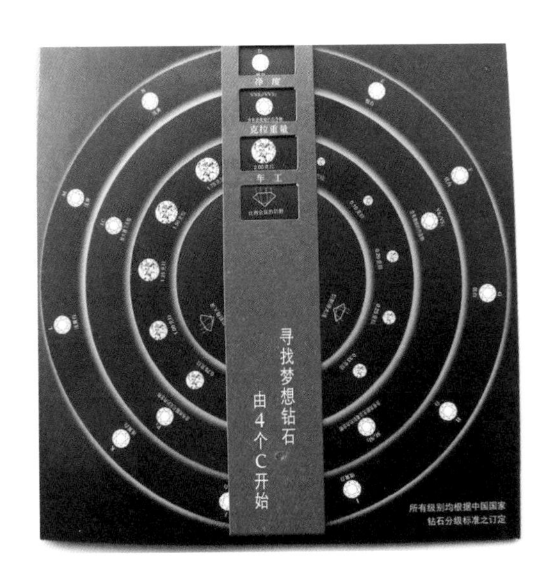

戴比尔斯设计的“4C”标准示意图

(1) 钻石的重量

钻石的重量(Carat)缩写成ct或者cts(复数) 读音为"克拉",是国际通用的钻石重量单位。1克拉又分为100分,每一分为2毫克。这是1907年在巴黎举行的公制会议上决定的,沿用至今。除去其他因素,分量越重,颗粒越大,价格也就越昂贵,价格与重量几乎成几何级数比率上升。表示钻石重量时,一般取小数点后面两位数。至于后面是四舍五入还是全部舍去,还是逢九进一,各个国家和地区会不一样。国内一般用万分之一克拉天平称重。小钻就舍去第三位尾数,大钻一般要称到小数点后面第三位,因钻石价格昂贵,千分之一单位也不算小了。

重量等级还有一个比较一致的分级,俗称:"克拉台阶"。在0.20～0.25克拉以下的称为小钻;0.25～0.99克拉,称为中钻;1克拉以上(含1克拉)称为大钻;在0.08克拉以下的一般称其为散钻或碎钻,常用来做盘钻戒或镶成排钻戒、男装群镶戒等。每个档次的价格都不一样,例如0.30～0.40克拉之间是一个价位,0.40～0.50克拉又是一个价位,以后每上去0.10克拉,价位上扬就拉开较大差距。到了1克拉以上,则更需详细按4C标准来衡量核价。

(2) 钻石的颜色

颜色(Colour)是衡量其价值比较直观的因素。在颜色分级表中我们可以看到,国外是依英文字母的排列顺序予以归类。从D级开始,越往后等级越低,一共分为23个色级。完全无色透明的作为最佳颜色,也就是100色,"D"色(D为英文Diamond的第一个字母,用来表示钻石的最高色级),然后逐渐依字母的排列顺序往下类推。国内常用的还是按100色、99色、98色依次类推,一般在88色,也就是相对应的P级颜色以下就不作为饰用钻了,只能视为工业用钻。在94(J)、95(I)以上颜色属于比较好的颜色,91(M)、92(L)比较勉强,因为肉眼已经可以看出黄气来。在98(F)、97(G)、96(H)这个档次内的颜色,就要有一定的实践经验才能用肉眼加以区别,且必须在特定的标准光源、标准比色石环境中由受过专业训练的钻石鉴定师来加以判断。肉眼的鉴定,因情况不同,可能会产生上下相差半级的现象,这也属于正常范围。此外,国内100色的分级标准,传统的做法是省略了100色和99色两个档次,故无形中和国外的颜色分级相差两个色级,把92色(L)看成90色(N)。通俗的讲法就是传统的眼光"颜色看低,净度看高",这是历史遗留下来的问题。现在随着钻石知识的普及,行业中也正在逐步扭转这一现象。钻石可以有多种

钻石原石与琢磨后的效果

颜色，最稀有的颜色是红色，依次是绿色、蓝色、紫色和棕色，均称为彩色钻。钻石是由碳原子组成，碳原子序号为6，而氮原子序号为7，两者原子大小很接近，故所以氮原子很容易取代碳原子而存在于钻石中，也因此而使得大多数金刚石含氮量高而略显微黄色调。在成品钻当中，颗粒越大，这种现象越明显。行业中也有条不成文的规矩，颜色对于特大钻来讲就要看得客气一点，不能太苛求了。

颜色对于钻石的价格仅仅是个参考依据，并不意味着它的确定价值。商贸实践中，钻石还有以下几个特殊之处：第一，颜色色级很好的钻石，往往不及某些带有微黄色调的钻石来得火头好。第二，大颗粒的钻石同样的色级，又会不及中等大小钻石来得闪烁耀眼。第三，淡茶色钻石镶好后，在铂金的衬托下，感觉不到茶色，甚至鉴定证书在颜色一栏中可评定为I色或H色。第四，有荧光的Ⅱ型钻，发蓝白色光（旧称“火油钻”“锡蓝钻”），不如I型好，却普遍受到消费者的青睐。理论上说，钻石的颜色从自然物质的稀有性讲，当然越白越好，色级越高，价值越高，相差一档色级，价格可相差10%～15%左右。但同样一粒钻石，在鉴定当中对颜色的评估肯定有差异。从硬件设施来看，有没有比色石，鉴定处室内背景颜色，所用灯光色泽都有严格的要求，但这些设备最终还是靠人的眼睛来加以判断。其次，对颜色的标准，不同地区、不同时期也会有些上下之差。同样一颗钻石，假设其颜色在I色（95色）和H色（96色）之间，美国的GIA（珠宝学院）证书可以开到H色，而比利时HRD（钻石高阶层议会）证书只能开到I色，日本的中央宝石研究所开具的证书色级甚至可以看到G色（97色）。国内在没有正式的钻石鉴定标准出来之前，老一辈的珠宝界同仁只能看到J色（94色）或K色（93色）。目前国际上钻石色级划分还是以GIA标准实施为主，它的色级是从无色、极白、优白、白、微黄、浅黄、黄等几个档次来定级。

在钻石的色系中，还有一类极为特殊和稀有的彩色系列，包括粉红、紫红、金黄、蓝色、绿色等。彩钻共有 12 种颜色，每种颜色有 9 个级别，系所有珠宝中汇聚大自然色彩最全的珠宝。彩色钻石中，黄色钻最多，其色彩级别非常齐全，较之其他钻石，价格也较为便宜。即便如此，最美的黄色钻的价值也不逊于同级别最好的无色钻。而蓝色钻的产量仅占彩钻的千分之一，足见其稀有和珍贵。

粉色钻石颜色分级是从极浅开始，随着黑色调的加深或饱和度的加强，颜色从很浅、浅、极浅彩粉、彩粉、稍强彩粉、很强彩粉到黑粉。用真实的粉色钻石样品，GIA 又分出了从紫粉、粉到橘粉的所有颜色级别。其颜色成因，被认为是与棕色钻的成因一致，是晶格错位造成的。彩钻颜色的分布均应在平行的滑动面上，类似阶梯一样，是在钻石形成后产生的，可能是碳原子结构层相互替代，导致了未知结构的颜色中心的形成。

色级只承认从白至黄的色调，不包括其他杂色、邪色、褐色、茶色等内容。目前人为提高钻石颜色的办法还真不少，比如镀膜钻石，是在Ⅰa 型刻面钻石的冠部，利用化学色相沉淀 CH1-4 法，镀上一层厚度从几微米到几十个微米的天蓝色合成金刚石膜来仿造天然蓝钻石。也有通过改变

南非金刚石原石

表 5-1 钻石色级标准比照表

国内标准			美国 GIA			比利时 HRD		IDC（国际钻石委员会）		
颜色等级		标准定义	颜色等级		标准定义	颜色等级	标准定义	颜色等级		标准定义
100	D	极白	D	无色	COLORLESS	D	特白$^{+}$	D	特白$^{+}$	FINEST WHITE
99	E	极白	E	无色	COLORLESS	E	特白	E	特白	FINEST WHITE
98	F	优白	F	无色	COLORLESS	F	稀有白$^{+}$	F	优白$^{+}$	FINE WHITE
97	G	优白	G	接近白色	NEAR COLORLESS	G	稀有白	G	优白	FINE WHITE
96	H	白	H	接近白色	NEAR COLORLESS	H	白	H	白	WHITE
95	I	微黄（褐、灰）白	I	接近白色	NEAR COLORLESS	I	微黄白	I	微白	SLIGHTLY WHITE
94	J	微黄（褐、灰）白	J	接近白色	NEAR COLORLESS	J	微黄白	J		SLIGHTLY WHITE
93	K	浅黄（褐、灰）白	K	微黄	FAINT YELLOW	K	黄白	K	微黄	TINTED WHITE
92	L	浅黄（褐、灰）白	L	微黄	FAINT YELLOW	L	黄白	L		TINTED WHITE
91	M	浅黄（褐、灰）	M	淡黄	VERY	M	微黄	M	浅黄	TINTED
90	N	浅黄（褐、灰）	N	淡黄	VERY	N	微黄—黄	N		TINED
< 90	< N	黄（褐、灰）	< N	浅黄	LIGHT YELOW	< N	浅黄	< N	黄	TINTED$_2$

内部的晶格排列、辐照处理等方法来改善钻石的颜色。辐照处理的方法有中心处理、回旋加速器处理、电子处理、γ 射线处理、镭处理等，可以得到绿色、蓝色、粉红—紫色、褐色、黄色等各种颜色的钻石。真正的彩钻其价格与同等类型钻石相比至少要贵出好几倍，但改色或用其他方法处理而得的彩钻价格无法与之比拟，未来彩钻市场将比白色钻更加动荡。

经现代高科技手段处理的钻石鉴别难度较大。近来一些带有强荧光的无色钻石成批充斥市场，应对此有产生“合理怀疑”的必要；而且这些钻石的价格大大低于同样大小级别的无荧光裸钻，这是毫无理由的“吭汕”(打折)。

(3) 钻石的净度

钻石的净度（Clarity），是指钻石的内部特征，包括钻石在形成过程中由于温度、压力不均衡或内含杂质产生的云状物、结晶包体和针状物等矿物晶体形成的内部瑕疵。经现代科学研究，大约有 30 余种之多。最普遍的为红色石榴石、棕色尖晶石、绿色顽火辉石和透辉石、暗棕色至黑色的钛铁矿和磁铁矿、黑色石墨以及无色的钻石和橄榄石。

钻石的净度等级可分为以下几种情况和表示方法：

无瑕级（Fl）、内部无瑕级（IF）、极微瑕级（VVS_1、VVS_2）、微瑕级（VS_1、VS_2）、瑕疵级（SI_1、SI_2）、重瑕级 (I_1、I_2、I_3……)，以及作为首饰用钻无法忍受的 P、Q 级。

钻石的净度又分为内部特征和外部缺陷两个方面。内部特征包括：毛边（BG）、碎伤（Br）、破洞（Cv）、缺口（Small Large）、云状物（CLD）、羽状裂纹（Ftr）、双晶中心（Grcnt）、结晶包体（Xti）、内凹原晶面（Indn）、针状物（Ndi）、小点（Pd）、解理（CLV）、双晶丝网状物（W）、镭射穿洞（Ldh）等。外部特征包括：磨损（Abr）、额外刻面（Ef）、原晶面（N）、伤痕（Nk）、小白点（Pit）、磨痕（PL）、烧伤（Pm）、粗糙腰围（Rg）刮伤（S）、外部生长线（SGR）等。

影响钻石净度的主要因素是钻石自身拥有的瑕疵程度，包括瑕疵的颜色、形态、大小、多少、分布特征等。除了钻石在自然形成过程中造成的瑕疵外，还有些瑕疵是在打磨、搬运、销售过程中不注意引起的表面划伤甚至缺口、破损等现象。所以在“侍候”这些成品的时候要绝对小心。一般作为装饰用钻，在选择品级时，要量财而行，作为装饰用，一般选用净度在 SI 到 VS 已经足够了；因为净度要求越高，它的价位级差相对大得多。选择 VS 级净度，不损害和影响钻石的美观，价格又相对便宜。

按国际上的行业惯例，在鉴定钻石时以10倍放大镜为准（不是10倍显微镜）。在鉴定机构内为了进一步看清实质性内容，用显微镜作为辅助手段也是常有的，但这不涉及净度分级标准。

（4）钻石的车工

车工（Cut），也称切工、磨工或番头。钻石的切工分为两个步骤：一个是切，就是把原石切成钻石的轮廓形状；其次是磨成各种刻面形态。一般圆形钻，我们说有五十八番（58个面），也就是上面是一个主台面（桌面），加上四周八个风筝面（星面），每个风筝面上下又有三个小星面，整个组成也就是33个面，统称钻石的冠部。而下面锥形体我们称之为亭部，它也有相应的八个面，每一个面又由三个小面组成，再加上八个面形成的一个尖端部分（一个点或稍作修整后形成的一个小八角平面），也称为一个面的话，整个亭部就构成了25个面，加起来一共是58个面，下面一点不算也就是57个面。按照一定的设计要求，使这些面的直径、高度、宽度、厚度和角度的比例恰到好处，按金刚石出“彩”、出“火”的光学原理，发挥至最佳综合状态，这就是切工讨论的技术重点。但在实际琢磨中，往往首先考虑到最大限度地把原石的外径尺寸用足，再考虑到理想型角度。因为金刚石的外形虽然看上去是一个单晶体，但更多的是多种复合体的聚形。出于商业价值考虑，在价位临界状态时不得不在切割时保住一定的分量，因此会有些偏离。一般来讲，设计师往往把重量留在了腰棱部位或亭部，形成边线厚亭部深的情况。然而钻石的腰部通常以薄至适中为佳，如太厚或太薄都会影响到内部折射光的出火效果。要判断此问题，可以用简单的观察方法：把腰围棱线离开眼睛30厘米左右，此时如只看到一条白线，说明腰部设计还是比较理想的。我们还可以从侧面注意一下它的轮廓线是否均衡、规则，如果有轴心的偏离或台面倾斜说明质量不够好。

祖母绿琢形钻石

水滴形钻石

钻石的折射率高达2.42，其色散值为0.044，两者的强强组合，使它的亮度和辉度格外显著超群，琢磨后晶莹璀璨。

钻石的切磨比例和角度，是指冠部主小面及亭部主小面与腰棱平面间夹角切割角度是否合适，实际上是寻找一个使火彩和亮度达到平衡的折中方案，使进入宝石的大部分光线产生全内反射而从台面顶部射出，使宝石具有很好的亮度。但若光线离开钻石的角度与入射时相同，并不产生火彩。既要产生强烈的火彩，又能显示其璀璨的亮度，这是一个两难的命题。钻石要达到最大限度的全内反射，比较理想的角度为 40° 45′，这个角度即为亭部主小面的切磨角度（而形成第一次全内反射的小面角度必须大于 48° 52′，造成第二次全内反射的小面角度必须小于 42° 43′，这在对称的钻石上是不可能的事情）。冠部台面的倾斜小面的角度最佳状态则为 34° 30′，实际上在腰棱附近会有少量损失。

评价钻石切工的另一个标准是修饰度级别。影响因素有：①钻石刻面上留有抛光纹。②钻石完整度，圆度不够。③冠部与亭部刻面尖点未对齐。④刻面尖点不够尖锐。⑤刻面大小不均。⑥台面和腰部不平行。⑦腰部呈波浪形。若无以上毛病或只有一项的为很好，有上述两项或单有 2 项的为好，否则为一般。

表 5-2　钻石切工的等级标准

等　级	切割要求	抛光要求
优等 Excellent	整体匀称，刻面对称均匀，无畸形，交接处棱线挺拔锋锐	无抛痕或极微小抛痕
良等 Very Good	整体匀称，台面八角均称，刻面基本对称，均匀，无畸形	极微小抛痕
中等 Good	中心微小偏移，极微小不圆。轮廓稍有不正。边线极微小波浪形，刻面基本匀称，无畸形，无多刻面，台面角度基本对称	个别小刻面抛光不完全。有过烧现象，未能抛出金刚光泽
一般 Normal 差等 Fair	整体无明显中心偏移，或不圆，或轮廓不正，或边线波浪形。刻面出现不匀称，不对称现象或出现多刻面、不规则面	有明显抛痕，影响钻石的金刚光泽
劣等 Poor	钻石的显著部分刻面畸形，中心明显偏移，轮廓不正、不圆，或边线出现明显波浪形	有明显抛痕，严重影响钻石的金刚光泽

车工的评点目前只分为三个等级到四个等级。国家的标准只有很好（Very Good），好（Good），一般（Normal）。目前大量钻石最高级别在鉴定证书中是以切工、抛光、修饰度为Excellent来表示，俗称几只“EX”。如果鉴定证书上表明：Polish/Very Good；Symmetry/Very Good，俗称两只“V”，也足以说明车工的精良了。

3．钻石的经典琢磨款式

（1）八箭八心（Cupid Cut）

八箭八心形切工，也称“丘比特”车工，在专为该切工特制的观赏镜下，可分别从钻石的底部和顶部观察到对称的八个心形和箭形的完整图案。这种特殊的切工，其特征为风筝面夸大，冠部角度趋小，在保证外径尺寸的情况下，亭部的阴影部分作了完美的修饰，使其更加对称。钻石表面的反射光效果显著加强，近视特别亮，但远视时毕竟没有理想型车工那样火头来得“激”，折射光有所减弱。这是鉴于原料的局限性，在不得已情况下使出的“撒手锏”。

（2）欧伊切工（Oe Cut）

这是日本一家名为Hohoemi Brains Inc.（微笑智能株式公司）的珠宝企业在2003年研发的新款。其同样为58个切面，但厚度比传统切工要薄，其光彩是前者的两倍。这种新型切割，从理论上推翻了以往认为过薄的钻石会导致漏光、产生阴影而减弱钻石火头的观念。

（3）索斯达切工（Solater）

该切工是由美籍华人苑执中先生发明的，并已获得美国、南非、比利时、荷兰、卢森堡等国的专利证书，其独特的切磨方法使普通的58番钻石切磨成66个面、128个面乃至168个刻面，对于改善钻石的“火头”和颜色效果十分明显。其最大的长处在于将车工较差的裸钻经局部修整后，损耗极小，但出火效果却特别理想。但对于小钻来讲，过多的切面可能削弱它的出火。

（4）堡垒型切工

这是在传统切面基础上新兴的多小面切磨技术。分别为构成冠部的9个方形、4个长方形、8个直角三角形切面和构成亭部的12个三角形及24个长三角形小面。

（5）新型梅花钻

这是种具有81个刻面，呈现梅花花瓣造型，折射强，亮度高，火彩

旺的新型切工。系深圳真诚美珠宝有限公司在钻石琢磨领域的新思路。

（6）长方形切工

此切工下的钻为长方形台面，共有 33 个面，由长方形桌面及 12 个梯形切面组成的阶梯形冠部，配合由 4 个小五边形和 16 个大小三角形切面组成的剪刀形亭部。

（7）鸿运八方切工（八边形切工）

以 1 个小八边形桌面、8 个星小面、8 个鸢形小面和 16 个三角形小面构成，再加上亭部三角形小面各 8 个，构成 65 个切面的小八边形切工。

近年市场上还推出了依据钻坯本身的折射角度和反射面而切割的新款钻石，如火玫瑰、向日葵、万寿菊以及龟尾菊等琢形。英国伦敦著名设计师最近拟设计推出 Star 129，圆形外观有 129 个刻面。外观较为独特，不过分花哨的切型是目前的主流，包括几何形状或将传统的棋盘切型（Checkerboard Cut）、面包型（Buff Cut）的刻面稍作改变。有种新切型是减少了“公主方”款式的正方形刻面，还有一种变形是将盾形切割加以修改，凸现装饰派艺术风格，将六角形琢成特殊刻面，给人边缘旁曲的错觉，西班牙巴尔玛市还推出了一种十字架切型。新琢磨款式的不断涌现与市场密切相连，而多元化与个性的相关联动，自然美与琢磨造型艺术的有机结合，将会永无止境。

在世界各国钻石的琢磨中，德国人是比较注重理想型切工的；比利时、以色列车工是公认的好工；美国的工往往台面稍偏大，腰棱显得薄；而印度工台面小，腰围厚，俗称“小钉子”工，出火就差；中国内地的车工和香港工比较接近，属中上水平，还是不错的。比利时大钻磨得特别好，以色列工在中钻一档磨得特别好，目前南非、日本的钻石加工水平也相当不错，尤其是表面抛光处理方面。世界各国都在竞相研究改进方法，切割工艺也在不断翻新，但万变不离其宗，目的还是在于使钻石“出火”。

4．选购钻石注意事项

钻石的重量我们可以从标准圆钻的冠部直径来加以大致上的判断。如：0.25 ct ≈ 4.10 mm，0.5 ct ≈ 5.2 mm，0.75 ct ≈ 5.9 mm，1 ct ≈ 6.5 mm，1.5 ct ≈ 7.4 mm，2 cts ≈ 8.20 mm……

还有一点也必须引起注意，就是购买钻石，不能仅仅以称重为唯一的计价标准，而应当以标准外形尺寸来加以扣除其中需要修正的部分，尤其是腰棱特别厚的和轴心偏移的车工，在重新琢磨、修正过程中可能会损失

25% ～ 30% 的重量，这个因素在核价时应当考虑进去。

钻石切工等级表，可分为三种：国家标准钻石切工等级表；GIA 标准钻石切工等级表；HRD 标准钻石切工等级表。

5．钻石的仿制优化处理

（1）镀膜钻石

采用气相沉淀（CH_{1-4}）或离子喷射法（用光、电能产生 C 离子），在同质或异质上生长。镀膜钻石自 1994 年开始投放市场，视觉上有很大的欺骗性，若在立方氧化锆外加膜，用热导仪测试同样可以获得与钻石相同的热导率。不过镀膜钻石在刻面结合处常有结合缝或颗粒状斑点，将其浸入到二碘甲烷中，镀膜会产生干涉现象，将其放入水中可见淡蓝色腰围。此外，两者的比重差异较大，所以尚可加以区别。

合成立方氧化锆

天 然 锆 石

（2）激光打孔钻石

有时为了使黑点和较大的白花消除或减弱，使用大功率的激光器在钻石底部接近包裹体位置打一小孔，使矿物原有包体汽化扩散，掩盖其重大缺陷。我们可以通过显微镜观察其残留的“细线”（激光孔）痕迹，如有充填物则通过它产生的不同反射光来加以辨认。传统的缝隙填充材料耐久性较差，尤其当油料干涸时，空气会沿着线隙平面渗入，油与空气之间的边界会产生小的叶片状特征，因此可以看到整个裂隙。用树脂类物质填充，干掉后会产生较细的树脂状图案，或因聚合作用而收缩，且当树脂分解为乳白色后很难将其去除。1994 年以后，填充材料已广泛使用双酚 A 型环

氧树脂（Opticon）、棕榈油（也是一种树脂）、环氧树脂、雪松油等材料。一般鉴定此类方法处理的钻石要在暗场照明或光纤照明下用显微镜观察，有气泡、有橙色闪光现象的，均表明该钻石经充填。

（3）减色处理钻石

此法是在钻石的腰围处镀上少量蓝色金刚石膜，以掩盖微弱的黄色色调。

（4）改色彩钻

将钻石放在反应堆或电子加速器中，用中子射线、高能电子和 γ 射线辐照，然后再加以热氧化还原，可产生各种颜色的彩钻。判断是否经过改色处理可采用黑白底片同钻石放在一起看底片有无反应变化，从而检测出其明显的残余放射性。改色钻石辐照的结果一般是得到绿色、蓝绿色钻，再经加热处理就得到黄绿色、强黄色、橙色或橙褐色，只有极少数会得到粉红色或紫色彩钻，大多数只能改成为亮黄—棕—高饱和的黄色（金钻），若加硼则可产生蓝色。国际珠宝联盟在2000年5月于日本神户召开会议时，对钻石的优化处理表示认可，但对经改良净度和改色的钻石，要求在发出证书时应在级别说明后加上“经处理”一词。

（5）立方氧化锆

这是1976年问世的一种钻石代用品，俗称锆石，早期称其为“俄罗斯钻”。化学成分是 ZrO_2，代号 CZ。从国外旅游地带回来的所谓钻石饰品，大多为该类仿冒品。它们的发票或鉴定证书上只标“White Gem”或“White Gem Stone”（白宝石或白色宝石），有较大的蒙骗成分。锆石是种立方晶系的矿物，自然界亦有天然的产出。它的特点在于比天然钻石比重大很多，达到5.95，是钻石的1.7倍左右，将同样外径尺寸的钻石与锆石放在天平上一比较就可加以区别。另外它感觉特别光亮，还常带有点橘黄色散光，无重影，不导电。在偏光镜下转动无明暗变化。区别钻石与锆石最简易的办法是把台面朝下放在有线条的纸上观察，钻石看不到细线，锆石看得见，此即为“透底”现象。

“风信子石”（稀土玻璃）

（6）稀土玻璃

俗称高铅玻璃，是在玻璃中加入铋、锶等元素熔炼而成。化学成分为 SiO_2，代号 HEE。仿磨成钻石切工时，也有称“奥地利钻”或“施华洛世奇钻”的，日本把红色的高铅玻璃制品称之为“风信子”石。

(7) 合成碳硅石

宝石级碳化硅，也称莫桑石(Moissanite)。它是美国通用电气公司(GE)投入了2 000万美元的资金，花了七年时间在美国北卡罗来纳州开发研制而成的。有关合成碳化硅的报道，最早见于1996年底和1997年初在国外的两家杂志上。其主要特征：重量比重为钻石的90%；色散0.104，明显高于钻石；从台面往下看亭部，棱线有明显双影；棱线侧面较平坦，腰部抛光纹特征明显；摩氏硬度比钻石低，只有9.25；具有很高的热导率和导电性能，单靠热导仪检测很难分辨；双折射率较明显，底部与真钻一样不易透视。

(8) 钆镓榴石

它是由钆 (Gadolinjum)、镓 (Gallinm)、石榴石 (Gannet) 三种化学元素合成的。在视觉上的效果仅次于锆石，比重相当于钻石的2倍。它的代号为：G · G · G。

6. 钻石价格的认定

评定钻石的价格，除普及率已相当高的“4C”标准外，还应当考虑机会成本和性价比，即增加一个“C”——价格机会 (Cost)。

一颗钻石的价格系数为：色级 × 净度综合系数 × 切工系数 × 克拉台阶价格系数 × 基准价格 × 实际重量(其中基准价格是1克拉,色度为H,净度完美，切工优良)。只要记住最新的基准价格，就可将现有的钻石按上述公式进行评估。重0.20克拉左右的价格大约是1克拉重钻石价格的15%左右。另外，特别要注意以下几点：①国际钻石报价单；②颜色、净度对价格的影响，每差一个级别，价格要相差10% ~ 15%；③车工好坏对价格的影响约在10% ~ 30%；④供求关系和性价比。

从理论上讲，开采一颗SI级的钻石与开采一颗VVS级的钻石所用的机会成本是一样的。钻坯的价值除了反映钻石的开采成本外，还反映了这一级别种类。形成理想结晶（如八面体、立方体）金刚石的机会较少，净度也是同样情况，VS级的约占总量的1%左右，VVS的约占总量1‰左右，这些因素和成品产出率的关系极为密切。成品钻石的价格，除了钻坯价值的影响，也受制于切割成本的因素。顶级的比利时工、以色列工、美国工等比较完美的理想型切工，比一般的工或差的切工价格上至少要相差20% ~ 30%。颜色、净度是金刚石与生俱来的品质，人们只是通过规则加

表 5–3　我国迄今为止发现的著名金刚石排行榜

序号	名称	重量(ct)	发现年代	发现地点	特　　征	发现过程
1	金鸡钻石	281.57	1937	山东临沂	呈淡黄色，去向不明	农民罗建邦在金鸡岭翻菜地时拾得
2	常林钻石	158.786	1977.12.21	山东临沂	淡黄色，八面体和菱形十二面体聚形，尺寸：36.3 cm × 29.6 cm × 17.3 mm	农民魏振芳在翻地时拾得
3	陈埠1号	124.27	1981.8.15	山东郯城	棕黄色，立方体与菱形十二面体聚形，有裂纹和石墨包体，三向最大尺寸：32 mm × 31.5 mm × 15 mm	陈埠矿区，沙矿开采时被发现
4	蒙山1号	119.01	1983	山东蒙阴	尺寸：30.3 mm × 30.1 mm × 27.2 mm	王村矿区“胜利1号”岩洞
5	陈埠2号	96.94	1982	山东郯城	菱形十二面体不规则聚形	陈埠矿区，沙矿开采时被发现
6	陈埠3号	92.86	1983	山东郯城	立方体与菱形十二面体聚形	陈埠矿区，沙矿开采时被发现
7	蒙山3号	67.03	1991.10.15	山东蒙阴		建材701矿，采选时被发现
8	蒙山2号	65.57	1991.5.31	山东蒙阴	呈八面体晶形，内部洁净	建材701矿，采选时被发现
9	岚崮1号	60.15	1991.5.18	辽宁瓦房店	八面体晶形，长轴22.5 mm，透明宝石级金刚石	辽宁瓦房店金刚石矿区开采时发现

以划分等级而已，而琢磨是可以人为改变的，要提高它的附加值，就必然要在工艺上精益求精，它的成本显然是有区别的。

市场的供求关系也会影响到价格的波动。如20年前国内钻石刚起步，对钻石的等级要求不甚苛刻，大量劣质钻石涌向市场，价格很便宜。随着钻石推广的深入，对颜色、净度的要求越来越高，高质量的裸钻价格一直在上涨。2000年以来，随着国内购买力的提升，0.50克拉以上的钻石成为市场热门货，国际钻石市场上半克拉以上裸钻的价格一直在上涨，随之大钻价格也一度被炒上去了。目前市场上有两种人群对钻石要求较特别：一种是买过钻戒的人，过去"力升"不够大，只求拥有，现在有了资金实力就想要换大换好；另一种人是投资股票和房产的"大款"以及先富起来那部分人，他们觉得购买珠宝作为投资现在还有升值空间，于是专拣绝品、精品收购。2007年曾有一颗重达84.37 ct的白色钻石，在瑞士日内瓦苏富比拍卖行以1610万美元拍出。采用六十面体的切割，曾在香港、纽约、洛杉矶、罗马、伦敦、迪拜等城市巡展。目前世界上对钻石需求排前三位的分别是美国、中国、印度，约占全球市场的50%左右。

二、红宝石、蓝宝石

红宝石（Ruby）、蓝宝石（Sapphire）的矿物名称为刚玉（Corundum），中国古书中称其为“瑟玉”、“碧珠”、“青玉”，主要成分是三氧化二铝（Al_2O_3）。晶体呈复立方柱状、桶状、板块状、不规则颗粒状和六方棱柱状。含少量铁和钛离子时呈蓝色，含微量铬、锰离子时呈红色，含其他元素时可能会产生黄、绿、褐等颜色。有报道说：1992 年山东省昌乐县曾发现在同一晶体上共存有两种颜色的刚玉，被誉为“鸳鸯宝石”。

云南（沅江）红宝石晶体（白色部分系白云岩矿）

1. 红宝石、蓝宝石颜色的构成

真正的红宝石、蓝宝石是指刚玉矿物中透明度好、颜色纯正、辉度超群的那一类。红蓝宝石的颜色分级，是评估其价值的首选标准（综合评定可依据钻石的4C标准，即颜色、净度、质量、车工来进行比照）。

斯里兰卡蓝宝石戒指、耳插
（戒指蓝宝重3.28克拉）

澳大利亚（黄）蓝宝石盘钻戒
（宝石重3.07克拉）

红宝石、蓝宝石颜色的构成有三个重要因素。

(1) 色彩：原先除了正红、大红颜色的刚玉宝石，被称为红宝石之外，其他刚玉均叫做蓝宝石。1989年国际有色宝石协会在哥伦比亚和斯里兰卡会议上，第一次明确了："带浅红色色调的刚玉亦称为红宝石。"

红宝石最著名的颜色产自缅甸的抹谷。上品称"鸽血红"、"玫瑰红"，其价格甚至高于同等大小的钻石。其次是带紫色或橙红色的巴基斯坦和泰国红宝石，因含有较多雾状物，其价格不是太高。而阿富汗或越南红宝石显得闷、干、缺少灵性、透明度较差。我国云南、新疆、青海、安徽等地均有红宝石产出，但颜色以紫罗兰、灰色为主，也有淡紫色和淡红色的，透明度不够，市场销路不是太好。世界上最著名的蓝宝石产地在斯里兰卡。过去称其为"克什米尔蓝宝石"。其中以墨水蓝和天鹅绒蓝为上品，而"矢车菊蓝"是最著名的优良品种。澳大利亚产的蓝色和金黄色蓝宝石目前市场上很容易见到。国内蓝宝石最著名的产地是山东昌乐县，其颗粒较大，但蓝得发黑，价格只有斯里兰卡蓝宝石的1/10左右。

市场上很多蓝宝石都是将山东蓝宝石送到国外改色后返销回来，称其为"非洲蓝宝石"，这是一种商业操作行为。前段时间市场上曾有批山东黄蓝宝石大量涌现，价格高得离谱，其实这是一种德国生产的黄刚玉合成制品进入山东市场后流向全国。它的原料价格约在每千克3 000元人民币。真正的蓝刚玉则每千克在4万元人民币左右。鉴别此类合成刚玉时要特别注意其包裹体的生长情况，其他特征与天然刚玉很难加以区分。

（2）色泽的饱和度：是指宝石的颜色鲜艳程度。同样是蓝颜色，举个例子：在两个玻璃杯中盛满清水，一杯滴入 2 滴蓝墨水，一杯滴入 4 滴蓝墨水，它们的色泽深浅肯定是不一样的。真正要论蓝到什么程度才好，消费者的评判标准也是“青菜、萝卜各有所好”。但一般而言，饱和度越高，越受欢迎。

蓝宝石（刚玉）的色泽差异

（3）生长纹、色带：天然刚玉晶体在生长过程中，有时会留下六方环状的生长纹，或呈 120° 夹角的生长纹的一角，或平行线状的生长纹。特别是刚玉宝石晶体内的包裹体，如果有大量细针状金红石在晶体内成平行六方柱面方向分布，就有可能磨出星光效果。而晶体中所含的各种金属离子则成了它的致色剂，所以我们不但能观察到它的双色性，还会观察到色带现象。这是红、蓝宝石的显著特征，也是构成颜色的重要呈色原因之一，在价值方面也是一个不可忽视的因素。红、蓝宝石的价值，关键问题是考虑其独有的纯正和瑰丽以及该宝石的稀有性。1934 年澳大利亚的阿那基矿山，一个偶然的机会，一颗黑色不透明

蓝刚玉制品（典型的半字形生长纹）

刚玉属三方晶系，是种含铝的氧化物，呈玻璃光泽，硬度 9，比重 3.98 ～ 4.10，无解理。常见晶形有复三方柱状、棱面体、板状或锥状。双锥面和板面上常具斜条纹或平行的双晶条纹。主要产于碱性火成岩、正长岩及伟晶岩中。亦有产于接触变质带的结晶石灰岩中，红（蓝）刚玉就长成于此，由区域变质作用形成。化学组成：Al_2O_3，含 Cr^- 时，呈红色，含 Fe^{3+} 时呈玫瑰色，与 Mn 混合时呈棕色，含 Ti 时呈蓝色，含有 Fe^{2+} 和 Fe^{3+} 的混合物则为黑色。当细小的针状、纤维状矿物晶体被包裹于刚玉中，按一定的结晶方向定向排列时可磨出星光或猫眼效应。刚玉的化学性质非常稳定，不溶于酸，熔点高达 2 050℃。

的刚玉晶体加工成弧面后，出现了六条星光，卖了 16.8 万美元，震动了世界，并被命名为“黑星”宝石。

2．红宝石、蓝宝石的产地

优质的红宝石产地除了缅甸，市场上尚有坦桑尼亚和津巴布韦等品种。泰国红宝石比较常见，但其品位差一些。世界上最著名的蓝宝石矿床除了澳大利亚之外，主要分布在斯里兰卡、缅甸、泰国、印度、美国、马达加斯加和南非。它们的光泽、颜色不错，但颗粒太小，外径一般在 3 ~ 5 毫米之间，价格比大粒的蓝宝石要便宜 50% 以上。我国山东昌乐蓝宝石和它们的品质差不多，但国内改色技术尚未过关。我国红宝石产地主要有云南、新疆、青海、安徽、黑龙江；蓝宝石产地除了山东外，尚有海南、福建、江苏、黑龙江等地。

国际上对红、蓝宝石的开采正在加剧，韩国首尔的蓝宝石开采公司已开始大规模的开发老挝蓝宝石矿，其较小颗粒的色泽和品质独特，呈深蓝色，成品率只有 30% 大于 1 克拉。目前澳大利亚蓝宝石的产量要占到世界蓝宝石总产量的 50% ~ 70%，矿区集中在昆士兰州和新南威尔士州。

甘肃蓝宝石晶体（典型的六方棱柱状，黑色部分为黑云母片麻岩）

缅甸蓝宝石晶体（玄武岩）

3．红宝石、蓝宝石的真伪鉴别

红宝石、蓝宝石有着复杂的结构和矿物包裹体，在鉴别真伪时很关键，细长的金红石针状包裹体、人字形生长纹、含液体的羽状晶体以及强烈的双色性、深浅不一的平直色带等都是它的特征。前几年有一批声称“越南红宝石”的，很可能是一些合成红宝石，混在红宝石当中比真的还漂亮，要特别当心。在旧饰中有一种叫“野玫瑰”的红宝石，颜色非常艳丽，系

改色黄玉嵌宝戒

玻璃、低铅玻璃类的料器而已。

容易同红宝石混淆的其他宝石矿物有：红色尖晶石——最大的区别是没有二色性；红锆石——它的折射率高，超出了折射仪的检测限度，它的表面呈亚金刚光泽，不同于红宝石的玻璃光泽；红色电气石——（红碧玺）加热之后产生静电，有吸附现象，它的比重比红宝石小；红色石榴石（镁铝榴石）——它的颜色较均匀，用宝石电筒从下面透射，红宝石通体发明亮的红光，特别艳丽，而红色石榴石则中间一点红，周围紫红或发黑，红色石榴石很少有裂隙，而红宝石裂纹比较常见。

容易同蓝宝石混淆的宝石矿物除了上面相似的蓝色尖晶石、蓝锆石、蓝色电气石之外，比较常见的有：改色的蓝颜色黄玉——最大的区别是黄玉改色之后，颜色比较均匀，它的硬度只有 8 级；蓝色坦桑尼亚石——它具有明显的三色性，即深蓝—紫红—黄绿，而蓝宝石的二色性为蓝—亮淡绿或暗紫色，它的硬度较低，只有 6.5 ~ 7；堇青石——折射率低，只有 1.542 ~ 1.551，而蓝宝石为 1.762 ~ 1.770。其他还有不少仿制品，像玻璃、合成红蓝宝石、人造红锆石、人造红刚玉等。

4．红宝石、蓝宝石的优化处理

优化处理红宝石、蓝宝石的色泽，古已有之，如：染色、注油、涂膜、上蜡等。20 世纪 70 年代至今，优化处理有色宝石的研究从未间断过，高科技手段的介入使处理工艺越来越成熟。通过物化手段优化处理红、蓝宝石的方式包括：扩散处理、热处理、辐射处理、表面镀膜、裂隙充填、染色、夹石等。热扩散处理在宝石界比较普遍，精密高频炉的应用，使热处理过程发生了巨大变化。宝石的辐照技术为我们提供了大量的蓝色托帕石、粉色电气石和亮黄色绿柱石。辐照处理可以使一些无色或浅蓝色的刚玉在中子辐射后，变成金黄色，而一些粉红色的蓝宝石在经过这种辐射之后，可以变成水红或橙黄色。

目前昌乐蓝宝石的优化处理，在珠宝界已经探索性试验了无数次。它的颗粒大、裂纹少、出火好，只要色改得好，是大有前景的。其因含铁和钛的成分太多，蓝得发黑不好看，但处理后又往往在蓝色调中明显带灰、起朦。热处理是将 Fe^{2+} 氧化成 Fe^{3+}，使蓝色变浅，但在高于 1 300℃条件下，钛会向外扩散，因钛的失去使宝石颜色变灰。要想不失去钛，可在电解溶液中使钛的含量高于蓝宝石，则宝石内的钛没有办法溢出，颜色可变浅蓝且不呈灰色调。美国在 1977 年就对蒙大拿州的蓝宝石进行改色，他们通过精确控制炉内氧化还原的温度和时间，在不同条件下获得不同的色泽，其中有蓝色蓝宝石、黄色蓝宝石、粉红色蓝宝石、橙色蓝宝石。一般经处理过的蓝宝石，它的吸收光谱、荧光等特征变化比较明显，其表面特征和包体特征往往留有迁移、晶体结构重组或坩埚等容器材料烧结的附着物残留，在显微镜下会有所发现。

滴水形蓝宝石

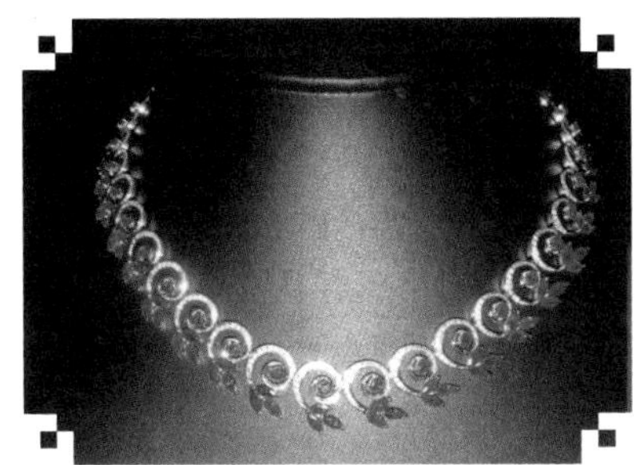

缅甸红宝石项链
（宝石重 25.51 克拉、156 粒）

三、祖 母 绿

祖母绿（Emerald）和海蓝宝石（Aquamarine），同属绿柱石（Beryl）矿物。它的晶体大都呈六方柱状，主要成分是铍铝硅酸盐，并含有致色元素铬。有的还含有一些碱金属和致色物质，如钒、铁、钛、锂、铯、锰等常见元素。其他属于绿柱石的宝石还有铯绿柱石，含铁和钛的金色或暗褐色绿柱石，含铯和锂、锰而致色的玫瑰绿柱石，以及星光绿柱石、猫眼绿柱石等。

祖母绿的绿是绿色宝石中最翠绿、明亮的一种。由于祖母绿的晶体通常都比较小，而且它比较脆，杂质多，要取得大颗粒完美晶体的机会极少，物以稀为贵，故称为“绿色宝石之王”。它有着显著的玻璃光泽，并绽放青翠悦目的绿色（其晶体铬的含量最高可达0.6%）。哥伦比亚产的祖母绿大都呈深翠绿色、纯绿色或稍偏黄、偏蓝的绿，就算较小的颗粒，价格也在上千或上万元。巴西祖母绿也很有名，它是那种稍带黄色的绿，有时呈带褐色的翠绿色。坦桑尼亚祖母绿通常为带黄或带蓝的绿色。赞比亚祖母绿有两种情况，一种是亮绿色，一种是幽暗柔和的绿色。偏灰。要区别它的产地除了颜色感觉之外，主要是观察其内部包裹体。因为祖母绿是在气或热液环境下形成的，所以可同时具备固、气、液三相包体。不同产地祖母绿的包裹体的特征各具特色，如印度产的有钉状内含物，乌拉尔产的则是阳起石形成的竹节状包裹体，有的产地尚有“蜻蜓翅”“兔毫纹”等。

祖母绿因其自然界产出晶体均比较小，还特别脆，是有色宝石中比较难以加工和价值较高的珍品。又由于其拥有三相包裹体比较多，所以加工过程中要避开这些缺陷，撷取比较完美纯净的可能性比较小。人们看到的祖母绿成品一般颗粒都不大，这是一个主要的原因。高档的祖母绿和同等大小的钻石相比，祖母绿要贵出好几倍。

天然祖母绿分两种类型：①美洲型：包括哥伦比亚、巴西及美国等地所产。其特点是折射率较低，比重较小，紫外线长波下有荧光反应。用查尔斯滤色镜观察其色发红。固态包体若有黄铁矿、方解石及氟碳钙铈矿、铬铁矿是美洲型天然祖母绿特征。②非洲型：包括南非（1956 年南非曾发现一颗优质祖母绿，晶体重达 2.4 万克拉）、津巴布韦、赞比亚、坦桑尼亚，

祖母绿（绿柱石）矿物标样（姚佳田收藏提供拍摄）

绿柱石属铍铝硅酸盐矿物，晶体呈六方柱状，柱面上常有纵纹，硬度 7.5 ~ 8，比重 2.63 ~ 2.91，晶体中常现三相包裹体，产于花岗伟晶岩中。除含铬呈翠绿色的祖母绿和天蓝色的海蓝宝石之外，其他颜色都统称为绿宝石。

及亚洲的印度、巴基斯坦。其特点是折射率高、紫外线照射下无荧光反应。用滤色镜检查为绿色、灰绿色。若包裹体内有可见黑云母、阳起石、透闪石、则是非洲型祖母绿特征。固态包裹体若是硅铍石、铂片及烟云状包体，为合成品无疑。

哥伦比亚是世界上最著名的祖母绿产地，约有200个矿体，所产祖母绿色泽纯正浓翠冰莹,透明度好,杂质少。它最大的两个矿床叫木佐(Muzo)和契伏（Chivor)，那里曾发现过重达7025克拉和2681克拉的天然无瑕级祖母绿晶体。它的产值在1993年业已突破4亿美元大关，仅次于石油、咖啡、煤炭。

哥伦比亚祖母绿晶体

祖母绿盘钻戒

祖母绿项链

市场上的祖母绿不少是近似宝石的代用品，大都系含铬、钒、铍和铝的硅酸盐矿物。如“非洲祖母绿”为西南非洲所产的绿色宝石，“巴希亚祖母绿”为巴西巴希亚地区所产的绿宝石（Beryl)，“美国祖母绿”是种翠绿色的锂辉石。也有人把深绿色透明的翠榴石——钇铬榴石称之为“乌拉尔祖母绿”。与真正的祖母绿相比，翠榴石的辉度更偏向亚金刚光泽，而祖母绿为玻璃光泽。翠榴石在长短波紫外光下无荧光性，而祖母绿呈粉红或红色。西南非洲的蓝绿色电气石，经热处理后可变成纯正的绿色，但比祖母绿透明度高，且具有明显强于祖母绿的双色性。绿色钇铝榴石的折射率较大，密度也高，手掂有沉坠感。目前市场上合成祖母绿较多，尤其产自美国、法国、德国、澳大利亚等地要看仔细。祖母绿的琢磨是四八边形的正方或长方台面以及四周有呈平行排列的梯形四边形，聚形为特征，这种款式我们称为“祖母绿琢磨法”。

四、金绿宝石

金绿宝石（Chrysoberyl），是种高档较为稀少的矿物宝石，看得懂的人不多。五大宝石中，猫儿眼（Cat’s Eye）和变石（Alexandrite）都属于金绿宝石。具有猫眼效应的金绿宝石，我们就叫“金绿猫眼”或叫“猫儿眼”，而具有变色效应的金绿宝石，我们称它为变石或亚历山大石。

金绿宝石为斜方柱状体，通常以聚晶或双晶形式出现。硬度8.5，仅次于刚玉而大于托帕石。有玻璃光泽，呈透明和半透明。颜色以黄绿色和黄色为主，摩擦生电，三色性极为明显。金绿宝石生成于花岗伟晶岩、蚀变细晶岩接触交代的气成热液矿体中，常与绿柱石、长石、石英云母、锆石等共生。金绿宝石化学性质稳定，耐磨损，常出现在砂矿中。著名的斯里兰卡猫眼和变石都来自砂矿。巴西、缅甸、芬兰、扎伊尔等国都有产出。

金绿宝石为氧化铍和氧化铝的矿物，含氧化铁、氧化铬等微量杂质。正因为含微量氧化铬，使得金绿宝石的变种——亚历山大石在日光照射下呈绿色，在烛光及钨丝灯光下呈红色，被誉为是“白昼里的祖母绿，黑夜里的红宝石”。铬的吸收光谱，红光和蓝绿光的透过量近乎相等，因入射光能量分布强弱

金绿猫眼盘钻戒（宝石重：6.97克拉）

不同而产生色彩变异，这就是亚历山大石变色的原因。

形成猫眼效应的主要原因是金绿宝石中含有定向密集排列的绢丝状包裹体。当我们平行这些管状包裹体切割，并琢磨成素宝（弧面）时，由于金红石的折射率为 2.60 ~ 2.90，与金绿宝石有较大差异，入射光线经金红石中反射出来，在弧面的高处会出现一条明亮的细线状色带，呈狭窄瞳孔状，酷似猫的眼睛，故形象地称之为“猫儿眼”。当金绿宝石越不透明，金红石包裹体越密集时，猫眼效应越明显。

我国宋朝时已能识别金绿猫眼，张邦基《墨庄漫录》曰：“宣和间，外夷贡方物，有石圆如龙眼宝。色若绿葡萄，号猫儿眼。能息火，燃炭方炽，投之即灭。”

伊世珍《琅嬛记》：“南蕃白胡山中出猫眼，极多且佳，他处不及也。即有一猫如狮子，负之腾空而去。至今此山最多猫睛，猫睛一名狮负。”南蕃似指锡兰，今斯里兰卡。猫儿眼过去也叫做“锡兰猫眼”，特指金绿猫眼。中国古书著录写作狮负，盖出于此则神话故事。

和金绿宝石相近的自然石有橄榄石、钙铝榴石等。仔细观察橄榄石，它的颜色大都为浅黄绿色，略显沉闷，呆滞，它的密度、硬度都远不如金绿宝石。钙铝榴石的基本色调为黄绿色（翠绿色的钙铝榴石则近似于翡翠，但内部结构完全不一样）。人造猫眼、玻璃猫眼仿制品与天然矿物有着完全不同的视觉差异，色泽过于妖艳单纯，无金绿猫眼的珠宝灵气和那种明亮的蜂蜜色泽。

刻面金绿宝石（宝石重 18 克拉）

人造猫眼（拉丝玻璃制品）

金绿猫眼盘钻戒（宝石重 7.67 克拉）

猫眼金绿宝除了斯里兰卡外，主要产地在巴西的米纳斯吉拉斯和缅甸。变石除了乌拉尔山外，同样巴西、斯里兰卡、印度等国也有产出。我国产地不多，以新疆为主。

评价金绿猫眼主要是看它的颜色、眼线与重量。①颜色：金绿猫眼的颜色有多种，以带其他色调的黄为主，最好的颜色为蜜黄色，其次为黄绿色、褐绿色、褐黄色、褐色。②眼线：要求平直、均匀、连续而不断，清晰而不含混，明亮而不灰暗。③重量：重量越大，其价格越是呈几何级倍数增加。但好的猫眼市场上并不多见，直径大于 5 厘米的更是少见。

五、海 蓝 宝

海蓝宝（Aquamarine）的矿物名称为绿柱石，也有称水蓝宝或蓝晶的，是一种含稀有金属铍及铝的硅酸盐物质。当含有微量铬时即呈现亮丽的绿色称祖母绿；含三价铁离子呈金黄色，称金绿宝石；若主要含微量的二价铁离子即呈蔚蓝色，便称作海蓝宝，是绿柱石中最常见的一种，它的颜色主要有海蓝、绿蓝、黄绿、天蓝、浅蓝、蓝白等。纯蓝透明度好的海蓝宝可与蓝宝石媲美。海蓝宝也可磨出星光和猫眼效果来。国内曾采出大块水胆海蓝宝，这在产地也属比较罕见的现象。

海蓝宝（绿柱石）矿物标样

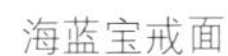

海蓝宝戒面

海　蓝　宝

海蓝宝主要生长在花岗伟晶岩中，产出时一般呈块状或六方柱状晶体。柱面上会有纵向裂纹，棉绺较多，且生长很不规则，内部常伴有雪花状和星点状气液包体，有时肉眼便能看到，往往影响到琢磨时的出成率。它的硬度较高，在 7.5 ~ 8。

海蓝宝著名产地在巴西、尼日利亚、津巴布韦、俄罗斯、马达加斯加、斯里兰卡、印度、巴基斯坦等地。在巴西的米纳斯吉拉斯州，发现有较大颗粒的海蓝宝，5 ~ 15 克拉售价高达 250 美元 / 克拉，质量较好的单颗原石，有时卖到 500 美元 / 克拉。

我国也产出海蓝宝，如新疆、云南、内蒙古、四川，以及其他不少省份都有发现。其中以新疆和云南的海蓝宝质量最好，颜色好，颗粒大，有一定经济价值，属中档宝石。新疆的阿勒泰东南 40 多千米处的大哈拉苏矿，这是处稀有的白云母型伟晶岩岩脉和绿柱石、黑碧玺、玫红石英石等共生。国内其他地区产的海蓝宝颜色大都比较淡，有时几乎呈白色，价格也就在 100 ~ 500 元人民币 1 克拉，要视颜色和颗粒而言。相对于其他宝石，海蓝宝在国内还处于有价无市情况，普及程度远远不够。

六、电气石（碧玺）

电气石（Tourmaline），因加热后会发生静电现象，故称为电气石。珠宝商品名称中叫做“碧玺”或者“砒”，红的叫“红砒”，绿的叫“绿砒”，也有书上写作“霞砒”。可能是该种宝石系外来传入时，当时一种语音的直译。就像最近青海靠近西藏的地方发现一种白里透青的玉石，水头、颜色都不错，当地人称之为“吴松塔拉”，它到底属哪一类矿物还待有关部门正式鉴定之后，再给它一个学名。这便是同一矿物，不同称谓的由来。电气石在矿物命名或者商品名称中，是最带现代气息的称呼。在现代工业中它也是很贵重的材料。

电气石的硬度、透明度、光泽都很好，晶莹坚利，璀璨娇艳，特别是它的颜色非常漂亮且色泽丰富。红色就可细分为深红、玫红、桃红、浅红……

碧 玺 手 珠

红碧玺女戒（宝石重 21.05 克拉）

绿色当中又有碧绿、蓝绿、黄绿、棕绿、墨绿、深绿、浅绿等，还有诸如蓝色、黄色、紫色、白色、黑色、多色、串色，精彩纷呈。它是晶体宝石中化学成分最复杂的硅酸盐类矿物。它在同一晶体上可以同时有几种颜色，而且以不同形式出现。

新疆阿勒泰碧玺原石

碧玺是电气石的商业名称，一般以其色彩特征来称呼，如：红碧玺、绿碧玺、双色碧玺、西瓜碧玺……它是宝石中成分最为复杂的硅酸盐矿物当中的一个大类品种。它的内部常含有不规则的线状液态或气态包裹体，有时交织成网状或呈密集的平行纤维体。电气石的硬度7～7.5，比重3—3.25，无解理，属伟晶岩矿物。它的透明度、多色性、吸收性以及热电与压电效应等特征极为明显，是地球上唯一拥有永久电气特性的矿物。

电气石的光学性质比较特殊，成品抛光之后，既不像金刚光泽，也不像石榴石那样光灿咄咄逼人，更不像橄榄石那样似玻璃上有层油的感觉，它是种清澈的明亮。电气石的著名产地有巴西、美国、坦桑尼亚、俄罗斯、意大利等地。非洲马达加斯加产的色泽好，颗粒大，质量最高。尼日利亚电气石颜色近乎紫红十分清澈，该国1998年开始策划粉红色电气石的生产，大部分在中国加工，质量不亚于德国，在10倍放大镜下看不到砂痕，每克拉售价在20～30美元，主要市场在美国。我国盛名的产地在新疆、内蒙古、甘肃、云南。新疆的碧玺是国内最好的，内蒙古产的黑碧玺比较多，质量也不是太好，好的现在要卖到十几万一千克。碧玺的晶体外形呈三方柱状或者双晶六面体，表面带有浑圆垂直的凹凸条纹，大小粗细不规则，有时纤细像根针，有时片状短粗又似啤酒瓶盖。内部横向破碎条纹比较明显，加工中一受热，特别容易顺着纹理产生破裂现象。

电气石产自花岗伟晶岩岩体中，当含有锰和锂时呈红色，含二价铁离子时多呈黄绿色，含铁量一高便成黑色。碧玺当中比较名贵的有“西瓜碧玺”，外圈是绿色，里面是红色，非常形象；“串色碧玺”是指一头红，一头绿，当中为过渡色；还有“变色碧玺”、“猫眼碧玺”。笔者见过一段蓝碧玺晶体，它的直径在48～50毫米左右，高有100多毫米，从中断成两截，上下是两种完全不同的蓝颜色，这也是一种较为奇特的晶形情况，很罕见。

容易同碧玺混淆的宝石有：蓝宝石、尖晶石、托帕石、水晶、海蓝宝、橄榄石、紫锂辉石等，区别的方法还是从碧玺的各种特征来加以论证。

七、尖晶石

尖晶石（Spinel）为铝酸盐矿物，常作为红宝石、蓝宝石的共生矿而同时采出。它的矿物外形呈八面体，或几个八面体叠架的聚形，一般颗粒都不大，磨成圆钻形外径也只是在3～5mm。尖晶石硬度为8，呈玻璃光泽、有的透明，有的不透明。优质的鲜红色、天蓝色尖晶石混杂在成品红宝石、蓝宝石当中非常难区别。故尖晶石名称知晓的人不多，只有在误认为是红宝石、蓝宝石送交鉴定时才被告知这是尖晶石。比如铁木尔红宝石（Timurkuby），几百年来一直被当作红宝石，经检测分析证明是颗红色尖晶石。还有著名的“黑太子红宝石”（Black Prince's Ruby），重约170克拉，直径达5厘米。据史料记载，自发现以来几经辗转，1660年它才重新回到恢复帝制后的英国，镶嵌在王冠

尖晶石嵌宝女戒

红色尖晶石与红宝石非常容易混淆，在矿床中往往又是互相伴生，在没有检测手段的情况下互相混淆也是不足为奇的。尖晶石属于等轴晶系，晶形大都为八面体，也有呈斜方十二面体的。硬度可达到8，比重为3.58。它的光学性质为单折射、均质性，和红宝石的双色性比较，就可明显区分。它的化学成分中，镁可以被铁或锌替代形成两个完全的类质同象系列，铝则可被铬和铁所代替（包括锰和钛）。这种类质同象替代对尖晶石的颜色及其物理性质影响比较大。

上。一直到近代，这颗赫赫有名的红色宝石才经检测得知也是一颗尖晶石。

饰用的尖晶石分成几种类型：①镁尖晶石——主要颜色有红、绿、蓝、白等色。②镁铁尖晶石——主要呈绿色、褐色。③铁尖晶石——主要色彩为蓝灰、灰、黑色等。④锌尖晶石——主要色调为绿、蓝和黑色。红色主要含有铬成分，蓝色则含有铁的成分。尖晶石的颜色相当丰富，就像碧玺一样，什么颜色都可能存在。尖晶石也有变色效果和猫眼星光效应。

宝石级尖晶石主要生成于镁质矽卡岩和砂矿中。主要产地在阿富汗、缅甸、斯里兰卡、柬埔寨、泰国、俄罗斯和非洲的尼日利亚、坦桑尼亚等地。我国云南、新疆等地也有产出，但是作为大颗粒的宝石级较为少见。宝石级尖晶石常与红宝石、蓝宝石矿床共生，可同时开采。

尖晶石的价格不是太贵，一般的按颗粒来卖，大小对价格的影响不是太大，真正看清是尖晶石时，也就不当它一回事。但作为装饰来看还是相当不错的。主要是国内还没有被认可接受。

尖晶石琢磨成圆钻形和祖母绿型效果最好。容易和红宝石、蓝宝石相混淆。合成尖晶石市面上不多，两者的区别主要是合成品内部很少有杂质、包裹体，在显微镜下可看到拉长的气泡或者漩涡纹。尖晶石为均质体，无多色性，这是和刚玉类宝石的显著区别。

与尖晶石相似的天然宝石主要有：红蓝宝、石榴石、绿柱石、电气石、托帕石、紫晶、紫锂辉石等。而它的代用品则有：玻璃、立方氧化锆、合成尖晶石等。

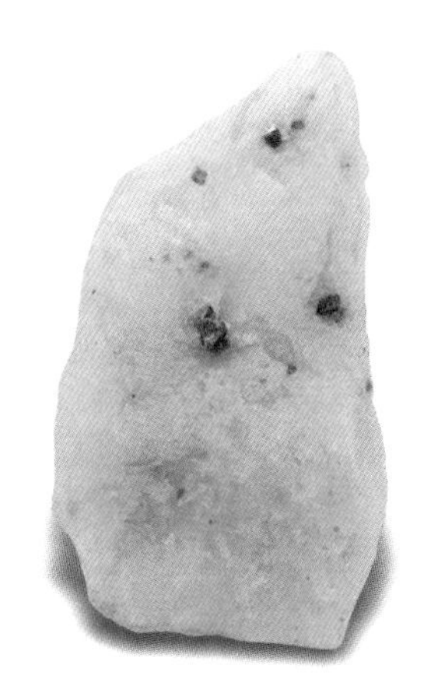
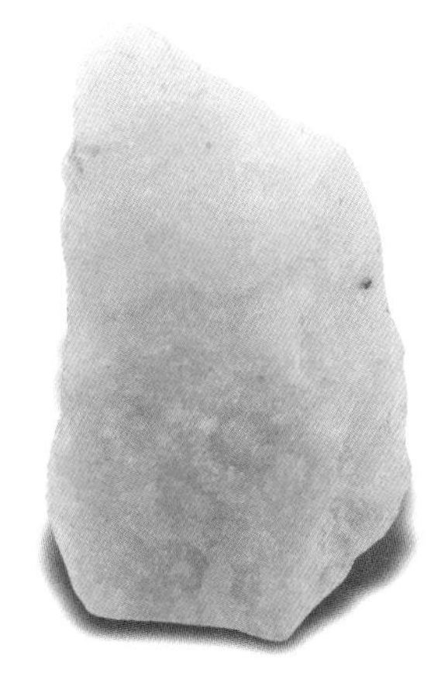

尖晶石原矿标样

八、石 榴 石

石榴石（Garnet）的产量相当大，以红褐色为主，俗称“红石榴”，我国古时称“紫鸦乌”。还有许多是商业名称如好望角红宝石、波希米亚红宝石、开普敦红宝石、“亚利桑那红宝石”。江苏红石榴是中国最好的石榴石，也有人提议称其为“江苏红宝石”。

红石榴（铁铝榴石）制品

石榴石的化学成分比较复杂，是一个庞大的系列，包括铁铝榴石、镁铝榴石、钙铝榴石、锰铝榴石、钙铁榴石、钒铝榴石……石榴石属于等轴晶系，它的晶形产出时都比较完整，常见的有四角三八面体、菱形十二面体及其两者的聚形。它的特点是折射率非常高，甚至超过了折射仪的计数范围，因此呈现出明亮的辉度，因为没有明显的解理，加工时就比较好掌握

石榴石是一种成分较复杂的铁铝硅酸盐和镁铝硅酸盐矿物。按化学成分组成一般把它分为六个品种：铁铝榴石、镁铝榴石、锰铝榴石、钙铝榴石、钙铁榴石和钙铬榴石。石榴石只是系列矿物的总称，这是一个很庞大的矿物家族，它的矿物晶形呈菱形八面体、十二面体和五角十二面体、四角三八面体的单形和聚形（外形像石榴或足球拼皮视觉效果），也有块状不完整晶

体。结晶是由孤立的氧化硅四面体和三价阳离子八面体所组成，二价阳离子位于两者之间。

石榴石中间的镁铝榴石呈紫色和深红色，表面辉度特别好。最好的是钙铁榴石，呈翠绿色相当漂亮，俗称“翠榴石”。俄罗斯翠榴石的称呼还包括乌拉珍珠及 Babrozka 石榴石。石榴石色散度高达 0.057，比钻石还要高。硬度在 6.5 ~ 7.5，折射率 1.88，系单折射等轴晶系。致色元素主要是含铬，三价铁含量一高，会变黄。

石榴石国内主要产地在江苏、云南、新疆、辽宁、吉林、内蒙古、四川、河北等地。世界上主要产地有伊朗、纳米比亚、意大利、马达加斯加等，一般称其为纤蛇纹石；含针状内含物的则产于俄罗斯乌拉尔山脉及西伯利亚地区。

与石榴石容易混淆的矿物有：①红锆石。俗称信风子石，化学成分是硅酸锆（$ZrSiO_4$），硬度约 7.5，矿物呈四方柱状。颜色有无色、灰色、蓝色、绿色、黄色、红色等。产地在斯里兰卡、泰国、老挝、柬埔寨，我国海南岛也有产出。②红玛瑙。玛瑙为二氧化硅（SiO_2）的隐晶质集合体，是由许多细小的肉眼看不到的石英颗粒集合而成，呈不规则的结合状。天然的红玛瑙已很少，大多为染色优化处理过的。③托帕石。褐黄色托帕石与贵榴石（钙铝榴石）外观上很相似。

石榴石在磨制戒面时，较易掌握火候，外形要求不高，只是尽可能使其透度好一点。有的石榴石也可以磨出星光效果来。

石榴石的仿制品主要是玻璃。合成的仿制品则有钇镓榴石和钇铝榴石。以及由玻璃和天然石榴石组合成的夹石。

新疆红石榴晶体

江苏石榴石原生矿与晶体颗粒

九、黄玉（托帕石）

黄玉（Topaz）俗称黄宝石、黄晶，它的译音在国内已被普遍认可写成“托帕石”(Topaz)即是“火”的意思，晶形黄玉还是称托帕石比较好。因为真正的黄宝石是指黄色的蓝宝石，黄晶应指黄颜色水晶，黄玉应当是黄色的软玉，这样不至于在口述中发生误会。

托帕石是一种铝的氟硅酸盐矿物，硬度 8，比较脆，是典型的气成热液矿物，产于晶洞伟晶岩和气成热液石英岩及其砂矿中，往往含有两种互不混淆的液体和气泡，伴生矿物有水晶、方柱石、金红石等。它的晶体为斜方晶系，外形多呈锥形柱状体和卵形砾石状。

托帕石的矿体晶莹透亮，很有质感，最好的是酒黄色托帕石，商业上称“雪利黄玉”(雪利是一种著名品牌的黄棕色葡萄酒)。此外，还有种名为“帝王玉”的托帕石也很名贵。

云南产托帕石晶体

蓝色托帕石女戒

巴西产托帕石晶体

托帕石的颜色很多，有淡黄、酒黄、浅棕、淡蓝、粉红、鲜红、黄绿、绿、无色等。最著名的产地在巴西，其次是墨西哥、俄罗斯、马达加斯加、巴基斯坦，其他如美国、澳大利亚、纳米比亚、尼日利亚、挪威等均有产出。我国新疆、云南、内蒙古、福建、湖北等地亦有不少宝石级托帕石产出；广东是我国托帕石的主要产地，它的颜色主要以无色和米黄色为主。

托帕石深受意大利、波兰、西班牙和英、美、俄罗斯等国民众欢迎。随身佩带托帕石意味着富有，并作为避邪驱魔的护身符。相传西班牙国王曾把一颗重 168 克拉的托帕石当作钻石，镶嵌在王冠上而显赫一时。

托帕石作为中档宝石，还是比较受欢迎的。但目前市场上的托帕石大都经改色处理，是利用中子高能辐照、热处理，^{60}Co 射线等方法进行。改色后的托帕石，具有高档海蓝宝和蓝宝石的效果。改色托帕石国际上规定必须放置半年一年之后才能投放市场。容易同托帕石混淆的天然宝石有黄水晶、黄色蓝宝石、海蓝宝、黄色电气石、黄色尖晶石、赛黄晶等，可通过比较硬度的方法区别，黄刚玉 9 级硬度、托帕石 8 级硬度、黄水晶只有 7 级硬度，可互相刻划一下。另外，它们的晶系不同，晶面结构不同：托帕石有纵纹，水晶有横纹，刚玉有指纹状和针状内部包体特征等。天然托帕石与改色托帕石的鉴别目前尚未有简易的好办法。

十、水 晶

水晶（Rockcrystal）是指透明的具有一定粒度的石英晶体和晶块，其主要成分为 SiO_2。常呈锥形六方柱状体产出。有玻璃光泽，透明至半透明，硬度在 7 级左右。水晶以晶簇形式出现时，常被用来作为观赏石。水晶在古籍中有写成水精、水玉、玉晶、白坍、玻瓈、千年冰……取其晶莹与冰洁之意。梵文中亦有称其为颇胝、颇胝迦、赛颇胝迦的。有副楹联专为水晶而撰曰：“老敖广大兴土木，独赖于此；灰姑娘喜结良缘，只因有他。”指的是水晶宫和水晶鞋，也蛮有意思。

水晶清澈纯净，晶莹剔透，每一种颜色都各有千秋。琢磨之后棱角分明，尖而不锐，硬而不脆，握在手中冰凉舒适。水晶属于中低档宝石原料，价格也比较便宜。

白水晶之簇

紫水晶之体（伟晶岩矿物）

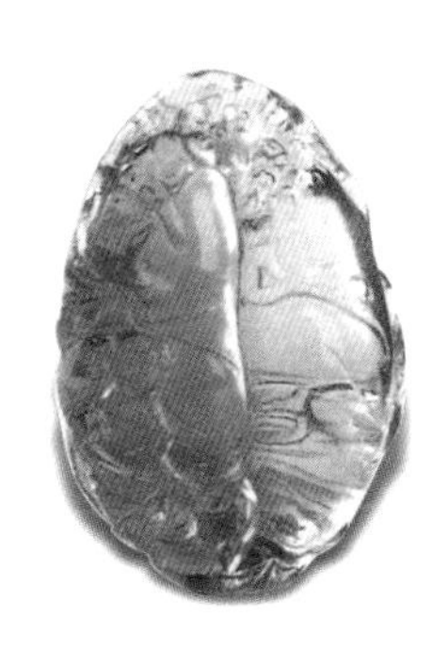

双色水晶摆件：梅前五福

绿水晶（绿幽灵）手珠

水晶的名称往往用颜色来命名，提到水晶人们便联想起无色透明似水的石英晶体，那是白水晶。紫晶则是从靛紫到深紫色的水晶，有时中间往往含无色或白色的平行束带状分布色。黄水晶是一种浅黄到深黄、老黄、金黄、棕黄、褐黄的黄色系列水晶。优质黄水晶色好的不多，有些可能是改色处理过的，比真正的托帕石还要漂亮。另有烟晶、墨晶、发晶、水胆水晶、猫眼水晶、茶晶、绿晶、蓝晶等。

水晶内若含有呈纤维状、发鬃状的金红石、电气石、角闪石等矿物时，又称为发晶。视其色彩和意境雕成作品则更具观赏和收藏价值。在古籍《梦溪笔谈》中有段描述云："士人宋述家有一珠，大如鸡卵，微绀，莹澈如水，手持之，映日而观，则末底一点凝翠，其上色渐淡，若回转，则翠处常在下，不知何物，谓之滴翠。"此物应是紫色水胆石英，也就是紫晶内空洞处，有绿色水滴存在。又如《云烟过眼录》也有如是撰述："叶森家旧有水精钩一，中空，有声汩汩，内有叶一枝，随水倾泻。"不但瓤中水分充沛，可以摇出声响，而且还捕获有形似叶片的其他矿物内含物，这就更弥足珍贵了。

过去对水晶的产地有句话叫"南白北墨"。指东海的白水晶和山西五台山的墨晶。水晶化学性能稳定，熔点在 1 713℃。根据其物理化学性质，在用途上又可分为压电水晶、光学水晶、熔炼水晶、工艺水晶四个大类，广泛用于国防、电子、化工、冶金及工艺雕刻等各个领域。国内著名产地在江苏东海县，被誉为"水晶之乡"。国外优质水晶主要产于巴西。

十一、欧 泊

欧泊（Opal）也称为“月华石”、“蛋白石”或“硅蛋白石”，古时又称“白宝石”或“骊珠”（白中泛青色）。发现于19世纪末期，那时的欧泊，价格相当便宜，两三澳元就能买到一盎司（1盎司=31.1035克）。而现在质量中等的每盎司都要上千澳元。欧泊的颜色是构成价格高低的主要因素之一，但最关键的是看它的“火彩”。单色“火”好的，要比七彩“火”差的价格高得多，上品的黑欧泊，价格就更贵一些。

欧泊的成因较多，一般是由二氧化硅胶体溶液在表生条件下凝聚而成，硬度在5～6.5，韧性差，含水量高达10%～13%左右，容易脱水风化。

欧泊古代多产于印度和捷克等地。19世纪后期，澳大利亚发现的欧泊大矿占世界总量90%以上。现在澳大利亚的新南威尔士仍然是世界最著名的欧泊产地。1928年曾在闪电岭岩脉中发现过一枚重273克拉的黑欧泊，被誉为“世界之光”。1928年也曾产出过一枚重233克拉的黑欧泊，其中心为亮红色如熊熊烈火，被命名为“火焰女王”。另外，美国、巴西、洪都拉斯、墨西哥等地有产。

火欧泊（红、橘黄色）

蓝绿欧泊（蓝、绿色）

白欧泊原石及戒面

1. 欧泊的分类

① 火欧泊：具有以红色、橘红、橘黄等暗色调为主的变彩，俗称“火苗”，呈半透明至不透明。

② 蓝、绿欧泊：以天蓝、蔚蓝、翠绿、天青等冷色调为主的色彩。

③ 七彩火型：具有赤、橙、黄、绿、青、蓝、紫七色，火彩强而不偏。

④ 白欧泊：主体颜色由浅灰黄至灰白、不透明至半透明，变彩强弱分明。

⑤ 黑欧泊：主体颜色有黑色、深灰色、深褐色，不透明者多呈强烈变彩效果，色彩艳丽者价值连城，是欧泊中的贵族。

2. 欧泊的变彩

欧泊的变彩可分为单彩、三彩、五彩、七彩。它的彩主要是水分在二氧化硅球粒间，经光的反射作用，形成一层蛋白光泽。

美国人喜爱火欧泊，其色调强烈，有种涌动感，很适合西方人敢于冲破束缚、勇于冒险的精神。日本人普遍喜欢蓝、绿欧泊，这种欧泊给人以平和、宁静之感，对高度紧张忙碌的精神无疑可起到缓冲调节作用。韩国人则较喜欢那种漆黑中带红火的浓彩欧泊。欧泊总体上是白色或稍带蓝、绿色调的多，并不太受中国市场欢迎。欧泊硬度低，时间一长容易发毛干枯。

3. 仿制欧泊种类

① 玻璃欧泊：带玻璃光泽，断口呈贝壳状，它的彩带有一层晕状乳光，手感滑溜。

② 塑料欧泊：在聚苯乙烯材料外面包了一层丙烯酸树脂，手感轻飘。表面易磨损。

③ 陶瓷欧泊：是一种化学黏结陶瓷，韧性好、变彩逼真、比重大、硬度高。

十二、橄 榄 石

橄榄石（Peridot）因具有艳绿的橄榄色彩而得名。在古代曾是很珍贵的宝石，曾被误认为是祖母绿，并称其为“太阳宝石”。

这是一种含有镁铁成分的硅酸盐矿物，它的结晶体一般呈柱状、板块状或颗粒状，在艳丽的橄榄色外面似乎涂了一层油脂。它的硬度在6.5～7，断口呈贝壳状，比较脆。

橄榄石颗粒大的不多，颜色有鲜艳的绿色、黄绿色、棕绿色、墨绿色等，颜色显得稍微沉闷、呆滞，杂质不是太多。其内部在黑色铬铁矿包体的周围有一圈因应力作用而产生的面状裂隙环状带，宛如睡莲的叶子，我们称之为睡莲状包体，是其较明显的特征。内部还带有层状展开的气液包体，在显微镜下观察很容易加以区别。

橄榄石盘钻戒

橄榄石男戒

橄榄石刻面宝

橄榄石晶体原石

橄榄石原料价格不算太高，一般特级品级约在 8 000 ~ 10 000 元／千克，一级品大约在 3 000 ~ 4 000 元／千克。色泽均匀，橄榄绿色明亮艳丽的为上品。而黄绿色、棕绿色稍次一等。它的琢磨可以是各种形态，常见有长方形、橄榄形、马眼形、圆钻形、椭圆形，以及还没有磨成腰圆素面的。

埃及红海宰拜尔杰德岛，是世界上最优质的橄榄石产地，其次如缅甸、美国亚利桑那州和夏威夷等地均有产出。我国优质橄榄石的主要产地在河北张家口和吉林蛟河市等地区。吉林橄榄石的开采期间为 5 月 ~ 9 月，每月平均产出 800 千克左右原石，大部分是 1 克拉以下的小颗粒，颗粒较大的也就是在 1 ~ 1.5 厘米，颜色呈深翠绿，油脂光泽很强。

橄榄石主要产自碱性玄武岩和橄榄岩中，系热液成因。天然宝石中与橄榄石近似的有：绿色电气石、绿色透辉石、钙铝榴石、绿锆石、坦桑石等。仿制品大都为橄榄绿色的玻璃制品，两者仔细分辨不难加以区分。

十三、芙蓉石

芙蓉石（Rose Quartz），行业当中称为“祥南”或“象南”，是一种浅粉色、玫红和深紫红色的致密块状石英。其矿物名称为“蔷薇石英”，石质结构颇似水晶，但透明度不及水晶好，而且杂质、绵绺特别多，往往在白筋的地方，裂纹特别明显。一般只用于玉雕摆件的低档材料，它的韧性很差，易碎裂。

它的主要成分是二氧化硅，是水晶的一个品种。因含钛和铁的微量元素，所以有淡粉红到深红颜色出现，深红色的俗称“桃花石”，深紫色的称“紫石英”。《本草纲目》中将桃花石称之为“赤白石蜡”。

表面有玻璃光泽，断口呈贝壳状，硬度也为7左右，内部气液状包体很容易影响到材料的透明度和纯净度，工艺性能差。颜色别致，也可以磨出猫眼和星光效果，但价值不高。

芙蓉石摆件

芙蓉石主要产于花岗石伟晶岩矿体中。世界上著名产地在巴西、斯里兰卡、美国、马达加斯加和非洲西南等地。我国主要产地在内蒙古、新疆、陕西、湖南、四川、广西、江西等地区。

十四、月 光 石

月光石（Moon Stone），是无色透明正长石——冰长石矿物。在玻璃光泽的表面有层晕彩，在折射光线的深处，含有一束奇异的白光透射出一个亮点，使人想到宛如一缕月光，故命名。

月光石的光芒是比较奇特的，既像珍珠变得透明了，又似乎在乳白底色上漂浮着略带青色的光线。它的特殊的光学效果，主要是当光线进入超显微正长石和钠长石的互层结构时，鉴于两种长石的折射率稍有区别，在多层次的反射互生中，呈现出淡蓝色或乳白色的晕彩，蓝色乳白闪光是由平行状共生结晶条纹对光的干涉所产生的一种光学效应。底色透明度越高，这种效果就越强烈。有的月光石还带有些淡淡的粉红色或橘红色，浅绿色和草绿色不多见。它的解理发育充分，易碎，磨成高凸面成品效果会更好一些。

作为宝石，月光石使用的人不多，但较奇异。最著名的产地为斯里兰卡、缅甸、印度、马达加斯加、坦桑尼亚等地。美国产的月光石有粉红和浅绿色、草绿色等色调。月光石是一种能唤起人们幻想气氛的宝石。

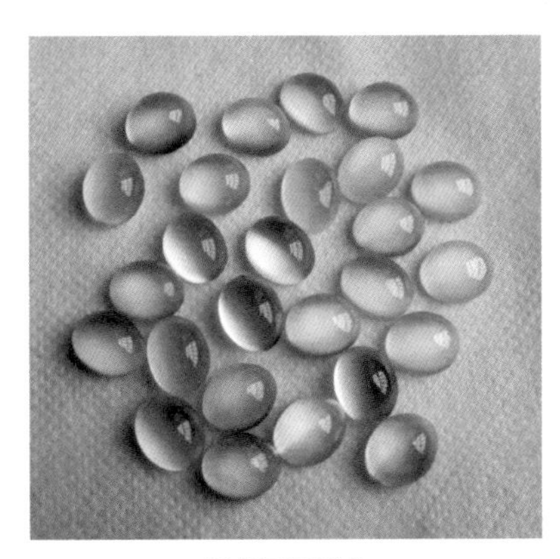

月光石蛋形宝

十五、锂 辉 石

锂辉石的化学分子式为 LiAl（Si_2O_6），属硅酸矿物，它是锂的主要来源。锂是金属当中比重最小而比热最大的金属，是用来制作轻质特种合金材料和锂电池的重要原料。其化学性质很活跃，较容易和氧、氮、硫等化合，在原子能工业中也有重要应用。根据辉石结晶晶系的不同，它又可分为斜方辉石和单斜辉石两类。斜方辉石包括：顽火辉石、古铜辉石和紫苏辉石。单斜辉石包括：斜顽辉石、透辉石、易变辉石、普通辉石、霓石、硬玉和锂辉石。

翠绿锂辉石戒面

锂辉石属单斜晶系，硅酸矿物，化学成分：LiAl(Si_2O_6)，晶体呈柱状或板状产出，有玻璃光泽，透明至不透明，性脆，硬度 6.5 ～ 7，比重 3.1 ～ 3.19，折光率 1.66 ～ 1.67。锂是金属当中最轻而比热最大的金属，在原子能工业中有重要应用，其化学性质很活跃，很容易和氧、氮、碳、硫等化合，是用于制作轻质特种合金材料的理想成分。

翠绿锂辉石晶体

翠绿锂辉石，又称美国祖母绿或锂绿母绿。呈翠绿色的原因是成分中含有氧化铬，产于美国北卡罗来纳州，片淋岩质花岗岩的晶洞中，马达加斯加也有产出。

紫锂辉石与电气石共生晶体

紫锂辉石亦称加利福尼亚虹彩石，呈桃红色至浓桃红色，有二色性，产地有美国的加利福尼亚州及马达加斯加岛，在X光线照射下有磷光反应。

锂辉石是在岩浆分异逐渐冷却过程中，有比重较小的残余岩浆，在外部压力足以使具有挥发性的气体矿化剂贮留在岩浆中，并保持在溶液状态的条件下，侵入到已经凝固的基性岩裂隙中所形成的矿物结晶。由于在矿化剂的作用下，降低了矿物结晶的温度，又减弱了岩浆的黏性，这样也就促进了矿物结晶有足够的时间使其发育完善，也就可能形成巨大的晶体。在美国南达科他州就曾经采掘到一个长达 16 米、直径在 1 米、重达 90 吨的锂辉石晶体。地质学上把这类矿物称之为伟晶岩矿物，锂辉石主要产在伟晶岩岩脉中，而且常与电气石、绿柱石伴生。

锂辉石晶体呈柱状或板状产出，表面常呈明显的三角形印痕。透明至半透明，有玻璃光泽，断口呈贝壳状，性脆。其硬度 6.5 ~ 7，比重 3.1 ~ 3.9，折射率 1.66 ~ 1.68，双折射率 0.015，色散较弱（0.017）。属单斜晶系。主要产地在美国北卡罗来纳州、加利福尼亚、马达加斯加和巴西等地。

锂辉石的主要品种有含铬的翠绿锂辉石和紫锂辉石，有明显的多色性。

与锂辉石相似的宝石主要有硅铍石和柱晶石，它们的折射率和双折射率十分相近，主要识别特征：

（1）锂辉石密度 3.18 g/cm^3，硅铍石 3.00 g/cm^3，而柱晶石为 3.25 ~ 3.35 g/cm^3。在密度 3.06 g/cm^3 的比重液中，硅铍石被上浮；在密度 3.33 g/cm^3 的液体中，锂辉石上浮。

（2）锂辉石，二轴晶正光性；硅铍石，一轴晶正光性；柱晶石，二轴晶负光性，β 接近高折射率的阴影边界，转动宝石时，只见低折射率阴影边界移动。

第六章 常见的有机宝石

一、珍珠
二、琥珀
三、珊瑚
四、象牙
五、贝壳
六、犀角
七、玳瑁
八、砗磲
九、煤精
十、海柳

一、珍　珠

1. 珍珠的构成

珍珠是一种古老的有机宝石，主要产在珍珠贝类和珠母贝类软体动物体内，由于内分泌作用而生成的矿物（文石）珠粒，含有 80% 的碳酸钙，10% ～ 14% 的介质壳，2% ～ 4% 的水分，并含有十几种人体所需的氨基酸元素。在我国古代珍珠名称很多，如真珠、蚌珠、廉珠、明珠等。珍珠又有“珠”“玑”之分，圆泽为珠，廉隅为玑。珍珠的光泽是由珍珠质的深度以及晶体的完美结合决定的。珍珠的表面有许多碳酸钾的微小晶体，以贝壳的分泌物为黏合剂，犹如砌砖一样，很有规则地重叠在一起。叠层所反射的光有种柔和的“芒”，我们称之为方位效应，或者方位效果。珠光光泽就是它特殊的构造通过光的折射、反射所形成的一种奇异现象。它的形成主要是当一些贝类因受到创伤或刺激，特别是外来异物的入侵和摩擦后，贝壳的外套膜便会分泌一种薄片状的霞石，同珍珠角质相互形成同心层的构造，将异物层层包裹，就形成了珍珠。

地球上古老的文化，往往与珍珠的出身是如此的接近。是人类起源于海洋，抑或海洋孕育了人类文明，作为一种观念，曾引起了无数的猜测。有着丰富的母贝、贻贝、牡蛎资源的海岸，这些软体生物在未被人类发现以前，一直守护着珍珠的秘密，平静地生活了千万年。“人间最名贵的货物，世上最瑰异的商品。”哲学家布林在公元 1 世纪写下这句话的时候，指的并不是钻石和金子，而是珍珠。绚丽的光彩，神秘的来源，成了编写神话的主旋律。

相传春秋时期西施的母亲，有一天在清澈的若耶溪旁浣纱，突然江中一颗金光闪烁的珍珠向她飞来，躲闪不及，飞入口中，孕育了西施美女。我国晋代《博物志》记载了一则“鲛人泣而珠”的故事。“鲛人（亦作蛟人，传说中的人鱼）从水出，寓人家积日，卖绡将去，从主人索一器，泣而成珠满盘，以子主人。”《后汉书孟尝传》：“（孟尝）迁合浦太守。郡不产谷实，而海出珠宝，与交阯比境……先时宰守并多贪秽，诡人采求，不知纪极，珠遂渐徙于交阯郡界……尝到官，革易前弊……曾未逾岁，去珠复还……”这就是著名的“合浦还珠”的故事。

在欧洲长期认为，珍珠是晨曦中露珠滴入贝壳形成的，还有说珍珠是软体动物排出的蛋。也有传说珍珠与雷鸣电闪时大雨的洗刷有关。古印度的叙事诗《罗摩衍那》记载：“十个头的魔鬼拉瓦那抓到美女西塔，将她拖上船驶向大海，美女伤心的泪水，洒向母海，滴入张口的贝壳内，凝固成美丽的珍珠。”古代海底采珠是非常危险而艰辛的工作。据《山堂肆考》记载：“廉州城东南有珠田海，海中有平仁、悬海、青婴三池，池中出大蚌，蚌中有珠，即合浦古珠也。采珠者乘舟入池，以长绳系腰，携竹篮入水，拾蚌置篮内，则振绳令舟人汲取之。不幸遇恶鱼，有一丝之血浮水面，

珠　贝

则知人已葬鱼腹矣。”在日本国本州伊势湾畔的鸟羽市是著名的珍珠产地，却是另一番景象。身怀绝技的采珠姑娘——“海女”，身穿泳装，戴着护目镜，一个个妩媚、健美，为旅游者表演潜水，并不时从海底捞起蚌珠放在托盘内，供游客观赏。

中东和古老的非洲知道，如何从牡蛎资源丰富的海域获取财富。于是有了社会组织，采珠场得到开发。波斯，一个在6世纪达到鼎盛的帝国的许多统治者通过珍珠聚敛了大笔财富。13世纪后期，意大利探险家马可•波罗，取道印度进入中国，观察到一个皇帝穿着的珠宝盛装“比一个城市的赎金还要昂贵。”

五千多年前，我国人民就在江河湖海中捕捉牡蛎，采集珍珠。三千年前就已经把珍珠用作首饰。任何一种软体生物，甚至各种海蜗牛，都能产生某种珍珠。故有“龙珠在颔，蛟珠在皮，蛇珠在口，鳖珠在背，蚌珠在腹”的说法。我国海南岛曾经收获过一颗特大珍珠，重8克，是目前国内已知最大的人工养殖游离珍珠。

2．珍珠的分类

珍珠分为三类：海水珠、河蚌珠、帆蚌珠。河蚌珠、帆蚌珠又通称为淡水珠。海水珠长在海洋贝类的白蝶贝、企鹅贝、红蝴蝶贝等大型贝壳内，生成的珍珠颗粒大、圆度好、光亮，但珠核比较大，中间含有泥沙。帆蚌珠也叫三角蚌珠，长在三角蚌内得名，也有用褶纹蚌、留丽蚌来养殖的，颗粒大、珠光好，但扁平的多。河蚌珠长在池蝶贝、椭圆背角无齿蚌、圆背无齿蚌和乌鸦贝为母体的蚌内，珍珠大多呈扁体米粒状和牙齿状（俗称炒米花珠）。

淡水珍珠项链（帆蚌珠）

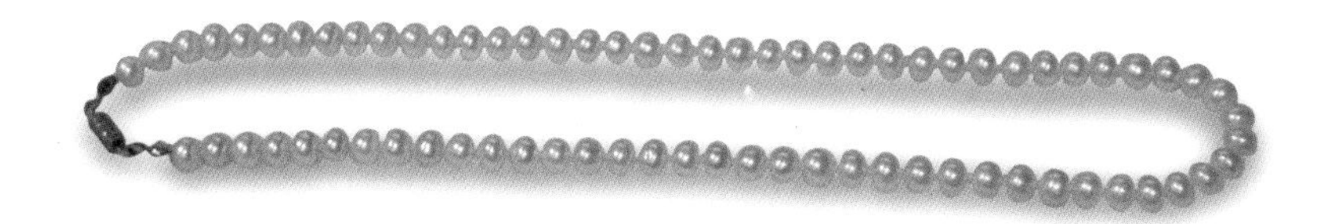

淡水珍珠项链（河蚌珠）

珍珠的价值因素是由光泽、纯净度、外形、颜色、重量、工艺等诸因素组成的。对于同一厘码的珍珠，每项因素都有适当的价格比例（光泽占40%，清洁度占20%，颜色占20%，形状占20%）。在决定淡水珠、养殖珠的质量方面还有几个额外因素在起作用。珍珠的价格过去是多少钱一斤，重量单位是以斤、两、厘、钱，也有用厘码来表示珍珠的大小，珠宝行业内曾专门自行设计有价格口诀表供进货时参考。过去还有一个常用单位是"格令"，1 珍珠格令是 0.064 8 克。现在统一按克数来计价。特大的珍珠就不讲分量，只讲外径大小几毫米，论颗粒，按行就市，按质论价。

其他生珠、污珠、僵珠、嫩珠、质差的属废珠类。特大颗粒不列入以上等级。天然珍珠直径一般在 0.4 ~ 1 厘米左右，0.8 厘米以上为大珠，0.6 ~ 0.8 厘米为中珠，0.5 ~ 0.6 厘米为小珠，0.25 ~ 0.5 厘米为细珠，0.25 厘米以下为细厘珠，小于 0.20 厘米为子珠、米珠。真正好的优质圆珠在玻璃板上方 1 米高处自由坠落可弹起 35 ~ 40 厘米。

表 6-1　珍珠等级划分的行业内部参考标准

等级	质 量 要 求
一等珠	圆球形或近似圆球形，重量在 1 厘以上（10 两制，包括 1 厘）自然玉白色或彩色，全身细腻光滑，闪耀珠光
二等珠	其他同上，光、色次一等
三等珠	圆珠形或近圆珠形、半圆球形、馒头形、长圆形、蚕茧形，大小不分，有微细皱纹，显珠光
四等珠	半圆形、长形、腰圆形、馒头形，大小不分，略显珠光，有细皱纹或微型沟纹
五等珠	形状不规则，珠身有明显皱纹或沟纹，略有珠光
等外珠	形状不规则，表面珠光在 50% ~ 80%

海水珠项链

3. 珍珠的工艺

珍珠是天然无需琢磨的有机宝石，是珠宝首饰设计中的理想素材。无论是作为主体或陪衬，它的圆润、灵动、多彩，能与任何宝石、贵金属相配。只要设计者发挥独到的想象力和相吻合的制作技艺，都能构思出好的作品。

珍珠的加工工艺大致分为：拣色、分类、打孔、串制、漂染、上光、整理。对天然珍珠来讲，孔应钻得尽可能小。用 0.6 ~ 0.8 厘米的钢针，最大 0.9 厘米，两侧对穿打。快手两小时可打 1 千克左右。珍珠的漂白过去是把发黄的珠用 3% 的硼酸钠溶液浸几小时，或用双氧水（过氧化氢）漂白，但用双氧水浸泡过了头以后，珠层会发酥，失去光泽。珍珠的最大缺点是容易风化、脱水、发黄，珠光不太好呵护。一般保存得好大概在 30 ~ 50 年，上百年的几乎没有。故有“人老珠黄不值钱”的说法。

4. 珍珠的产地

国内最大的珍珠市场在苏州的渭塘、浙江诸暨的山下湖、安徽的无为等地，湖南、江西等各省也均有养殖。广西合浦是“南珠”的著名产地，已有 2 000 多年历史。合浦产珍珠润泽细腻、光洁如玉，天然采捕产量寥寥，20 世纪 60 年代初试养成功。

历史上著名的珍珠产地有：

① 孟买珠：波斯湾、印度洋沿岸产出，质量好，光亮足，皮壳老。

② 法国珠：细腻光滑，玉白颜色中含有五彩光，有时还带有鸳鸯色，质地老，珠光足。

③ 马耳其珠：南海岛屿附近，颜色水头短促，精神不足，但颗粒大。

④ 南洋珠：光亮细腻，略有水波纹，珠层厚，产于缅甸、澳大利亚、菲律宾等国。

⑤ 东珠：产于日本鸟羽海湾，人工养殖多，珠层厚薄不一，内含泥沙，珠圆、细腻、光滑。

⑥ 濂珠：产于广东廉州沿海，只有芥菜子大小，古代医书上称“药珠”。

⑦ 湖珠：产于浙江湖州一带，大多腰圆长形或馒头形，天然无核。

⑧ 天然珠：无核，稍有空心，颗粒不大，椭圆稍扁，细腻光滑，珠光闪耀。我国长江流域和太湖、洞庭湖水域均有产出。

⑨ 壳珠：贻贝（俗称淡菜）所产珍珠，宁波、福建等地有产。

南洋珠项链

5. 珍珠的人工养殖

人工养殖珍珠，并不是一件轻而易举的事，尤其是海养珍珠。几年前应海南岛珍珠研究所和养殖场邀请，去实地领略了养珠的艰辛与乐趣。在海滩边简易的工棚边上，一溜排开几只像泳池一样的蓄水池，从高到低依次排列。从远处用泵将海水抽入池中，池内是一串串养贝的黑色方块薄片，幼贝就附着在上面。在 100 倍显微镜底下看也只有瓜子片大小。池水的盐分浓度、温度、营养成分、光照时间都要日夜严密加以观察照看。贝经过一只池一只池逐渐养大之后，再用汽艇送到几百米外的海水中用绳网起来。吊挂在桩头、渔网上，继续放养。这时又要注意海水的水温变化、盐度变化。养海珠有三怕：怕寒潮，怕台风，怕水质污染。母贝至少养两年后才能进行插种。贝内种的异物多了，贝易死亡；种少了珠就少收，碰上恶劣天气，一刮台风更是颗粒无收。这样一来一去，得花上 3 至 5 年时间。珍珠的颜色与母贝有着相同的基色，不同的珍珠层也能显示不同的颜色。因此养珠的颜色取决于所暴露的覆盖层组织的具体位置。过去对珍珠颜色的成因归结于天气条件，研究发现，水中的各种天然色素和化学成分对珍珠的颜色会有一定影响。由于水质的变化，水中微量元素含锰多时为粉红色和浅金黄色，含锰少呈银白色或深金黄色，当含铜和银较多时为黄色，肉色的珍珠含有较多的钠和锌，绿色珍珠则同时含钠、锶、镁等元素。海南培育黑珍珠呈铁灰色的多，而且还拖有一条短尾，质量就不过关。目前日本珠用的贝叫阿和比贝，大的贝长 170 毫米，宽 40 ~ 50 毫米，厚 90 毫米，产淡红色珍珠。太平洋托雷斯海峡有种大珠母贝，所产珍珠层周围呈金黄色，故有金蝶贝之称。澳大利亚西部布卢姆海岸和北部沿岸所产的“澳洲珠”颗粒硕大，并具有很强的银白色光泽。委内瑞拉的海域生长着一种牡蛎，产出的珍珠有白、褐、棕、黑等颜色，其中白色近乎透明，是一种很有个性的罕见品种。还有一种黑蝶贝培育的珍珠有无烟煤一样的光泽，这是种稀少而珍贵的黑珍珠。黑蝶贝又称黑嘴唇珍珠母贝，是种含分泌黑色或灰色珍珠质层的软体动物，主要生活在波利尼西亚盐湖的珊瑚群中。这种蚌在澳大利亚、库克群岛等地也有，但数量和质量都不如塔希提珠。美国塔

再生珠片（华玲珠宝提供拍摄）

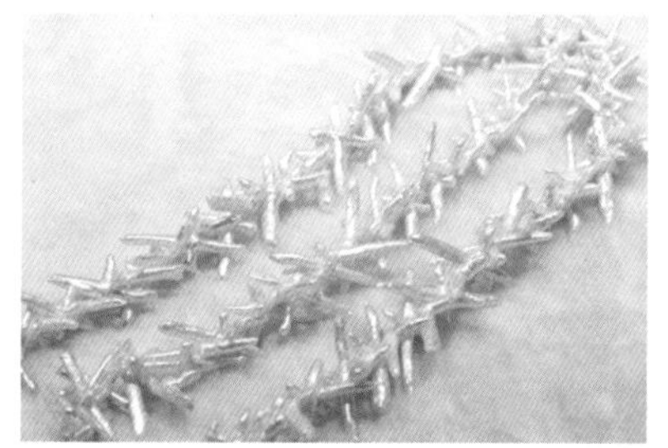

异形珍珠（人工种植十字架）

希提，(Tahiti 又译大溪地)，是波利尼西亚群岛最大的一个岛屿，出产的黑珍珠名闻遐迩，最被欣赏的色调是孔雀绿、浓紫色、海蓝色及各种彩虹色。我国早在 1959 年首先在广东试养淡水珍珠；1965 ～ 1967 年江苏太湖试养成功；1973 年在江浙一带三角帆蚌和皱纹冠蚌育苗成功。

天然异形珠项链

珍珠的产生与具有贝壳的软体动物有关，这类软体动物，在躯体和壳体之间的套膜是形成珍珠的关键，当有异物和另类生物入侵时，在刺激物的周边上皮组织细胞便格外活跃。不断分泌珍珠质层，层层包裹、叠加，形成紧密排列的同心状结构。珍珠所形成的分泌物，其主要成分是碳酸钙，并以文石和方解石晶体形态产出，而层与层之间的充填物则为有机物质。虽说珍珠是生物的分泌物，属有机质宝石，但从其物质组成来说以无机矿物为主。珍珠的光泽是入射光线通过珍珠层被反射出来，在这个过程中光受到了一系列的干涉，便生成了衍射现象，这就形成了珍珠的特殊光学性能。

珍珠的大小、皮层厚度和贝类存活时间、宿主的大小、日照时间、水的温度、母贝大小等因素密切相关。珍珠的颜色则与贝的种类、水质中各种有机元素的多少以及珍珠层的厚度等原因密不可分。珍珠的硬度在 3.5 ～ 4，密度在 2.6 ～ 2.8，不耐酸碱，易受损伤。珍珠内的文石极易向方解石转变而呈现黄色。

6．珍珠的染色

珍珠着色过去大都用有机染料、溶剂和渗剂等组成的染色液、增白剂进行处理。目前则用蛋白质变性改色，放射性同位素 ^{60}CO 辐照改色，或采用银着色法得到黑色珍珠。银着色法是将珍珠浸泡在硝酸银的稀氨水溶液中，并将其暴露在阳光下或放在硫化氢气体中，便可得到黑珍珠。一般不会褪色，与天然色很难区分。

染色的贝壳珠项链

珍珠的各种色泽（部分为染色珠）

珍珠在蚌内采收后一般均要经过优化加工以提高经济价值。在珍珠的后期处理中，为了使色彩均匀，增强珠的光亮度、饱满度，在不损伤珠层的情况下，利用高科技手段，这是种进步。

7．珍珠的仿制

旧时的仿制品很原始，在玻璃、塑料上面涂 5 ～ 10 层青鱼鳞提取物，后来是用中空玻璃珠，内表涂层“珍珠质”，用蜡封垫，或用珠母做珠子。现在大多是用珍珠粉、贝壳粉进行压制，或用塑料粒子经表面静电吸附等办法来仿制。更有甚者用塑料等材质做成圆珠，表面用汽车烤漆喷涂，或者直接就在料器和塑料表面涂层彩色的闪亮附着物。一般通过掂分量，看表面物质结构，仔细观察孔内的质地是否起壳等来加以区分。市面上有些用 7 ～ 8 毫米的白色珍珠处理成黑色，较难识别。我们可用一碗清水，将珍珠投入，天然珍珠在水中珠光呈闪烁状很精美，染色、改色后的珍珠则没有天然珍珠的光泽和晕彩可言。

8．珍珠的保养

珍珠除了常见的洁白光泽之外，尚有玫红、金黄、紫色、黑色、棕色、奶油色、浅蓝色、粉红色和灰色等。匀润的珠光效应和色彩具有明显的美观特性，如能和谐搭配，它的装饰效果并不亚于黄金饰品。

珍珠饰品保养得好，可延长使用寿命和减少不必要的损失。珍珠和宝石不一样，它是由蛋白质、氨基酸和水分以及铜、铁、锂、镁、铬、钠、锌、硅、钛、锶等微量元素组成的。因此，时间一长就可能引起变质和脱水。若小心保存的话，则还可使其风化得缓慢些。

由于珍珠天生质软，其硬度约在 3.5 ～ 4，不耐磨且易受汗水、香水、化妆品的侵蚀及污垢的沾染，酸性成分会溶解牡蛎用以形成珍珠物质之一的碳酸钙。所以，要尽量避免与含有酸、盐、醋等化学物品的接触，在化学气体浓重的场所最好不要佩戴。颈链、项链、手链等持续接触皮肤的饰物，因各人皮肤分泌物不同，表面腐蚀程度也就不同，一旦粘了汗和油脂不注意清洗，就会破坏其珍珠层。

珍珠佩戴后最好经常用浓度较低的肥皂水和微温的热水擦一擦，使之经常保持清洁。受污染后可用适量牙膏轻轻揉擦，然后放在清水中漂洗，取出后用绒布、柔软织物或餐巾纸等将饰品上的水吸干，放在阴凉通风处晾干，若再用些干蜡或汽车用喷蜡上上光，更为理想。在生产过程中有的珍珠是经过漂白处理的，则当别论。

串珍珠的线目前多数是用腈纶丝线或尼龙丝线，要防其发脆和接头处弹开。丝线渗进了油脂和化妆品的成分同样也会使珍珠受到损伤，此时就需调换新线重新串制，但要注意线与活扣的连接处要有一定的可靠性，可先用浆糊粘住后再烫牢它。不要轻易用未经脱酸的棉线去穿，既不牢靠又可能使珍珠受损。

养珠的珍珠层薄、软，所以应尽量避免与金属或硬质物体摩擦、撞击，颈项里同时佩戴金项链和珍珠项链的戴法不可取。珍珠也不要在阳光下过久地暴晒。

珍珠饰品用完后处理干净了，再放入垫有棉絮或丝绒的锦盒内（不要用棉布包裹）保存好，使用时更能光彩夺目。

珍珠饰品：胸针、挂件、戒指（宝华珠宝提供拍摄）

铂金珍珠链（邹焕旭提供拍摄）

二、琥 珀

1．琥珀的形成

琥珀是松柏科植物的树脂落在地上或充填在树干的树洞、树皮裂隙中，经过漫长的地质时期，失去了挥发成分并聚合固化形成，并在外界的侵蚀、搬运和沉积后逐渐生成于海床三角洲和沿海大陆冲积压层中，如欧洲波罗的海沿岸，德国、波兰、丹麦的近海地区，俄罗斯以及意大利西西里岛等地。我国抚顺产有大量琥珀，是由形成煤层的植物生前分泌的树胶和树脂

矿 珀 原 料

琥珀挂件（虫珀）

固化而成，内中不乏含有昆虫遗骸者。唐代诗人韦应物《咏琥珀》："曾为老茯神，本是寒松液，蚊蚋落其中，千年犹可觌。"宋代《陈承别说》："琥珀乃是松树枝节荣盛时，为炎日所灼，流脂出树身外，日渐厚大，因堕土中，津润岁久，为土所渗泄，而光莹之体犹存，其中蚁之类乃未入土时所粘着。"

琥珀是一种有机质的混合物，含有琥珀酸和琥珀树脂，由萜烯和琥珀酸聚合而成（萜烯是有机化合物类，多为有香味的液体，松节油、薄荷油等均属萜化合物），其化学成分变化不定。琥珀被视为珍品，不仅仅因其具有珠宝价值，更具有医用效益。

琥珀是化学工业和香料工业的基本原料，亦是上等的绝缘材料，在放射性研究领域也是必不可少的。我国中医药认为琥珀无毒，味甘性平，有安神镇静、止血、生津的作用，主治惊风、癫痫、心悸不宁、小便不通等症，对流感和鼻炎也有一定疗效。

琥珀作为宝石已有6 000年历史了。青金、绿松石、琥珀是希腊、埃及古墓中三种最常见的殉葬品。我国在秦汉时期已开始用琥珀雕刻工艺品了。《山海经》曰："平丘有遗玉。"遗玉即瑿，李时珍曰："瑿即琥珀之黑色者。""虎死精魄入地化为石，此物状如之，故名'琥珀'"。又云："古来相传松蜡千年为茯苓，又千年为琥珀，又千年为瑿。"在西方，古希腊人经常在海中拾到散落的琥珀碎片，故认为是阳光照耀下海水的结晶或海中神鱼产的卵。另外，由于琥珀能摩擦生电，吸引物体，这在不明其因的古人眼里也被视为神秘的魔力。据说在古罗马时期，一个琥珀小雕像比一名奴隶更值钱。

2. 琥珀的颜色特点及外形特征

琥珀的名称有很多，如花珀——杂色相间；水珀——淡黄色；血珀——透明，色红如血，系上品；蜡珀——蜡黄色，蜡感强，含大量气泡；琥珀——透明、淡红、黄红色；明珀——黄至红黄色；金珀——透明、金黄、明黄色；蜜蜡——半透明、棕黄、蛋黄色；金绞密——透明的金珀与半透明的蜜蜡绞缠在一起；浊珀——含大量气泡，混浊不透明；骨珀——呈白至褐色，比浊珀更不透明，更软，含气泡，外观像骨料；块珀——呈致密块状，有不同颜色；洁珀——透明度较好；石珀——石化程度高，硬度偏大；虫珀——包含有各种小昆虫；香珀——含较多芳香物，有浓烈香味；油珀——充满细小气泡，像肥鹅肉；泡珀——呈不透明的垩状，充满细小气泡，无法抛光。

琥珀戒面（血珀）

琥珀挂件（花珀）

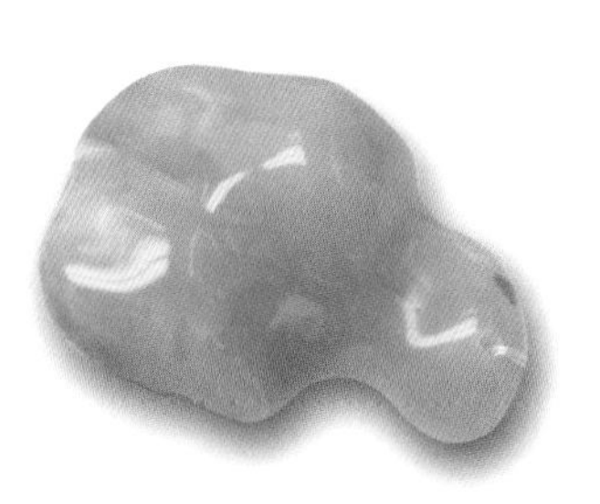

蜡珀原料（蜜蜡）

蓝珀挂件（天空蓝）

琥珀的外形有：结核状、瘤状、水滴状、团块状、卵石状、扁饼状、圆盘状及酷似树脂、松香的形状。有的如树木的年轮，有许多层，有的表面具有放射状纹理，有的相当浑浊，呈半透明。产在冲积层或沙砾层中的琥珀一般呈圆体状，并伴有一层薄薄的不透明皮膜，当内里有硅藻则呈模糊不透明的棕黑色。某些含节肢动物，如蜘蛛、蚊子、黄蜂、蚂蚁等，清晰可辨，有较高的收藏价值。

3．琥珀的产地及物质特性

在《汉书》、《隋书》、《山海经》等著作中都有提及，称其为：顿牟、虎魄、兽魄、育沛、江珠、光珠、夷珀、红松蜡等。琥珀比重只有 1 ～ 1.2，非常轻，硬度也只有 2 ～ 3，怕热，怕干燥，性脆、嫩，不宜放在阳光下暴晒和受外力冲击。要避免有机溶液对它的蚀溶，如指甲油、酒精、汽油、煤油，一般不要用重液去测它的密度或浸油测它的折光率。琥珀在硫酸和煮沸的硝酸中会分解，部分溶解于酒精、乙醚和松节油。150℃开始软化，熔点为 250 ～ 400℃，燃烧时发白色浓烟，具芳香气味。

《古矿录》一书中记载：云南产虎魄，称其为江珠、火珀、红香、血珀、金珀、蜡珀。《后汉书·郡国志》："博南（今永平县南）有虎魄生地中，其上及旁不生草，深者四五八九尺，大者如斛，削去皮，中成虎魄如升，初如桃胶，凝坚成也。"明代称琥珀产自西蜀（在云南保山、哀牢）。《博物志》谓出自益州永昌。唐时谓出南诏。清代则在云南丽江等地采到过琥珀。目前所知，我国辽宁、吉林、黑龙江、新疆、陕西、河南、湖北、四川、福建、云南等地区均有琥珀分布。其中以抚顺产琥珀最为著名，其生成于距今约 2 500 万～ 3 700 万年前的煤层中。

琥珀摆件（香珀）：金蟾

蓝珀挂件（弥勒）

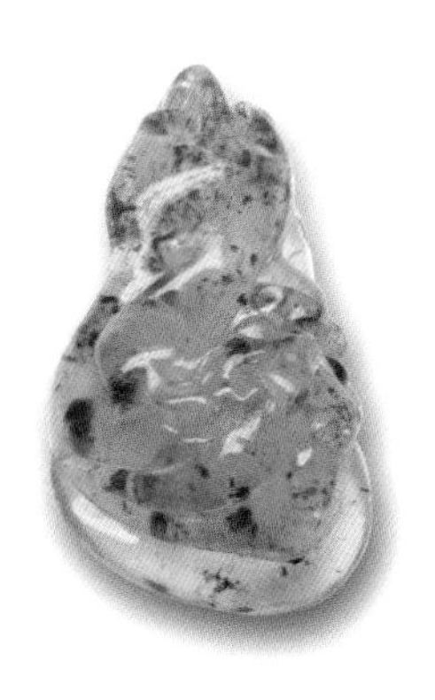

矿珀挂件（以上照片由蓝淇珠宝提供拍摄）

4. 琥珀的仿制品、代用品及人工处理

琥珀的仿制品常见的有电木、塑料、有机玻璃、聚苯乙烯、赛珞璐等。用于首饰的通常为夹石琥珀，上面是真琥珀，内置昆虫，背面用珂巴树脂封底。塑料琥珀多用琥珀材料粉碎后掺入塑料或聚酯材料，以提高其硬度、透明度。内部往往可以看到含有扁而拉长的气泡，或产生云片状结构，出现分离面，可根据琥珀密度和硬度来加以区别。

检验的方法有以下几种：①用 3∶1 的盐水将琥珀投入，下沉的是赝品。②用灯光直射琥珀，内部呈血丝状、溶解状即表示为再生琥珀或聚苯乙烯与琥珀黏合而成。③用火烧一下，如有淡淡的松香味的为天然琥珀，如有恶臭味的为代用品。④天然琥珀经摩擦发热生静电，如摩擦后手感依然极其光滑者为仿制品。与琥珀最为相似的是压制琥珀，这是一种用小块琥珀集中在一起，在 200 ～ 250℃之间加热，熔化冷却后融凝在一起的复制品。内部有拉长的或扁平的气泡，显示一种流动构造。另外还有一种脂状琥珀，是类似于琥珀的化石树脂。常与琥珀矿层重叠，这种树脂不含或绝少含有琥珀酸，其硬度稍低，比重也较轻，抛光效果不及琥珀。琥珀如经菜籽油或麻油加热处理，可提高其透明度。若加些颜料便可以得到所需的颜色，但其应力释放过程会产生细小裂纹。

仿虫珀工艺品（树脂）

琥珀是松柏科植物的树脂化石，产于煤层中。由纯有机物构成，密度只有 1 ～ 1.2，硬度 2 ～ 3，性脆，断口呈贝壳状，150℃时会软化，具可燃性、挥发性，摩擦生电，发出松香味。

三、珊 瑚

1. 珊瑚的特征及生长分布情况

珊瑚虫是海洋内一种腔肠动物，大都聚集在南北纬30度附近，常年在20～30℃的温静水域中。是在地球发展的古生代时期，生物演化过程中出现的。珊瑚虫死后，尸体逐渐为海中的游离CO_2和Ca阳离子结合成的碳酸钙所代替，海底火山活动又提供了大量铁、锰、镁元素及锌、钪等微量元素，同步钙化共生。要生成1米高的珊瑚枝，约需一千年时间。

有句俗语谓之："一年白，两年青，三年红，四到五年便蛀空。"李时珍在《本草纲目》中阐述道："珊瑚所生磐石上，如白菌，一岁而黄，二岁变赤，枝余交错，高三四尺。人没水以铣发其根，系网舶上绞而出之。失时不取，则腐畴。"

珊瑚生长在洋流向同一方向缓慢流动的海床岩石上，呈直立或横生于岩面。形状像树枝，所以也叫珊瑚树，汉时有称"烽火树"的。其形状有单体与群体之分，根据外形又可分为四射状、六射状、板块状和放射状四大类，其中以四射状为最佳形态。它的产地主要分布在从爱尔兰南海经比斯开湾至马德拉群岛、加那利群岛和佛得角群岛，再沿地中海、红海、毛里求斯、东南亚、澎湖列岛到日本一带的水域。其中最好的红珊瑚来自非洲地中海沿岸的阿尔及利亚、突尼斯以及欧洲西班牙沿岸，意大利那不勒斯则是红珊瑚最著名的加工区。每年农历三月中旬，中国台湾垦丁海域都会出现珊瑚竞相产卵的奇特景观。这是种单种类趾轴孔珊瑚，会大量释放

白珊瑚丛：盛开的花朵（沈银根收藏）

珊瑚树（产自台湾海峡）

出红色珊瑚卵及微细的精囊进行体外受精。美丽的珊瑚卵悬浮在海中蔚为壮观。

珊瑚的主要成分是 $CaCO_3$，并含有少量碳酸镁、铁和有机物，碳酸钙占到 82% ~ 87%，碳酸镁占 7% 左右，其余的均为微量元素。其硬度在 3.4 ~ 3.7，大致和贝壳、珍珠或大理石的硬度相仿。在紫外线长波下有荧光反应，溶于酸，枝体剖面打磨后有年轮状条纹。珊瑚美丽的颜色来自体内共生的海藻，如果共生藻离开或死亡，珊瑚就会变白死去。海水混浊时阳光的透射能力下降，也会使珊瑚礁面临威胁。

珊瑚的颜色有红、白、青、灰等，其中红色层次比较丰富，有深红、淡红、桃红、淡粉红、红斑等色调。国际上习惯将其分为 8 种，即纯白色、浅粉红、肉色、浅玫瑰色、鲜玫瑰色、橙红色、红色、暗红色、深红色（又称牛血红）。日本四国南侧海域的红色调珊瑚呈暗红色，质量比较高。我国南海、台湾、澎湖所产的红珊瑚呈鲜红色，感觉比较亮丽一些；地中海产的红珊瑚，鲜红和暗红色都有，但大部分有种晦暗与干涩的感觉。名贵的红珊瑚，我们称之为“蜡烛红”、“关公红”。桃红颜色包括朱红到桃红、砖红或柿黄，其中以微红接近肤色的最为名贵，有“孩儿脸”与“天使肤色”的美誉，此类珊瑚产于菲律宾近海，南海、台湾近海、澎湖海域和日本诸海。

白珊瑚是指从纯白、乳白、清白到稍带黄色或红色的范畴，有些还带半透明状色泽。大部分分布在南海，其他上面列举的洋面均有产出，其中以南海产量最大。1963 年，我国科学工作者挑选出几种表壁完好的珊瑚化石进行研究，发现不同时期形成的珊瑚化石表壁上有各种清晰的环形条纹，粗细不一。经专家鉴定分析，一条纹代表一昼夜，一年之后便结成一条较粗的生长带，人们只要数一数生长带多少，就可确切地知道化石的年龄。科学工作者还对珊瑚化石表面环纹进行了计算，推算出泥盆纪时代，一年约400天，石炭纪时代一年约390天，现代一年约365天。由此推论表明地球的自转速度是在逐渐减慢。我国广东省徐闻县将在西部角尾乡西莲镇沿岸，建立中国大陆架最大的珊瑚保护区。该县角尾东南郊的南岭村至西莲镇上马村20多千米长的海岸线遍布珊瑚，受人为破坏较少，分布平均宽度约300多米，总面积达2 000公顷。过度开发珊瑚资源会使海洋30%生物失去栖息地，使珊瑚礁遭遇灭顶之灾。

2. 珊瑚的加工工艺

珊瑚硬度不高，容易琢磨，但怕受热，性脆，极易断裂，它的工艺过程包括：选料—切割—设计—出坯—琢磨—抛光等多道工序。珊瑚加工中最大的难度在于受到材料枝形原坯的影响，以及加工时材质内部随时可能发生情况变化，要善于应变。在枝形珊瑚的设计过程中，每一件都须经过严密的构思，尽可能使作品扩大视觉范围，并要保持整件作品的平衡。珊瑚在抛光时极易受热，使色泽发生变化或破碎，所以加工时一般先用火漆固定细小的局部，用湿布包裹暂不打磨部分，此外握法也很有讲究。

红珊瑚项链（严展提供照片）

3．珊瑚的优化处理

死枝珊瑚大多呈黄褐色，可用双氧水漂白处理，但要注意分寸，过犹不及。珊瑚的染色一般选用洗染用有机颜料。大部分是将白色染成深红色或淡粉红色，染色之后的珊瑚与天然色彩总是有区别的。台湾地区前几年进入大陆的珊瑚珠、珊瑚小品、挂件等染色现象比较普遍，有些还是珊瑚粉末的压制品。珊瑚断裂之后可进行粘合处理，某些蛀空处还可进行填补处理。但经过处理之后的珊瑚，一般随着时间的流逝，逐渐会褪色、暗淡或脱落。

珊瑚仿制品

4．珊瑚的保养

珊瑚与酸和酒精等挥发性强的物质会起化学反应。夏天佩戴之后可用清水洗净，用软布擦干之后置于阴凉处吹片刻，再收入珠宝首饰盒中。樟脑丸、苯、香水等具挥发性物品会使珊瑚失去光泽，宜慎放之。饮用汽水、碳酸饮料、柠檬汁或食用醋时要格外小心，若不小心沾染上了应马上用清水冲洗。高温、硫磺温泉等场所不可轻易涉足。珊瑚性脆，谨防碰撞、跌落或与其他物品摩擦。

红珊瑚圆珠（表面呈孔状，橙红色，不透明，重85.16克，直径44.5毫米，郑一星提供拍摄）

红珊瑚挂件：称心如意（陈文凯提供照片）

5. 珊瑚作品赏析

由上海玉石雕刻厂肖海春设计的珊瑚雕《释迦牟尼降生图》(曾获第六届中国工艺美术百花奖珍品奖)整个作品跨度达31厘米，重约5千克，是罕见的大枝扇形面辐射状珊瑚树。枝状圆柱体，枝丫细而单薄，性脆。要在有限的材料中造成多层次的立体空间不是太难，难就难在大构图作品如何产生一个主题的焦点，把失散的放射形态通过几个形体的相互呼应，重叠压缩，穿插交叉融为一体，把无序的自然形状变成有章可循，既保留珊瑚枝原始的张力，更突现饱满紧凑的回收效果。设计者作了大胆的“脱形”处理，创造出一个更适合主题展开的有意味的自然态。整个作品画面场景复杂，构图却又是一气呵成，意境深邃：“九龙吐涎香沫佛祖，祥云萦绕天女婀娜，飘带坠花梵香煌煌，众相朝供万物皆备。”在如此散乱无常的细小珊瑚枝上，通过极为精致细微的雕琢镂刻，历时三年多才得以完成，真可谓功夫不负有心人。

红珊瑚摆件:《观音渡海》
(上海珠宝玉器厂制作)

玉雕高级工艺师朱其发在1986年创作的大型珊瑚《福寿图》作品原料恰似一个手掌，五根长短不一的珊瑚料呈扇形竖立在一个珊瑚根上。作者通过巧思在这么一块外形呆涩的珊瑚上构思一个群仙祝寿共庆的场面，在云罩雾绕的仙山琼阁之中，八个神仙前呼后拥，个个姿态优美，神情洒脱，四周还有凤鸣鹤蹈，龙腾鳛鳎。作品气势宏大，造型生动，雕刻精美，最成功之处就是人物和景物之间的互相照应，他将材料原本不相干的部分在视觉上连成一片，从而强化了造型的完整性，也显示了他驾驭材料的高超技艺。

四、象 牙

象是陆地上最大的哺乳类动物，象牙是指大象口中伸出的一对长大的上颌门牙。非洲象均长有象牙，亚洲象母象不长牙，偶有公象也不长牙的，亚洲象主要集中在印度、缅甸、泰国、老挝。我国目前唯有云南省西双版纳靠近老挝的热带雨林中有其踪迹。

象牙由牙根、牙管、牙尖三部分所组成，是含磷酸钙的有机物质。成年象的门牙长到一定程度便会自行弯曲，故我们所见到的象牙大多都为月牙形的。大的象牙其长度可达 1 ~ 2 米，重几十千克至上百千克。整根象牙质量最好的是它的牙尖部分，质地细腻，光泽度好。亚洲象牙比非洲象牙白，但硬度要低一点。象牙颜色除了白色之外，还有黄颜色和浅褐色的。象牙在醋酸

象牙摆件：驭龙观音
（陈秋祥收藏并提供拍摄）

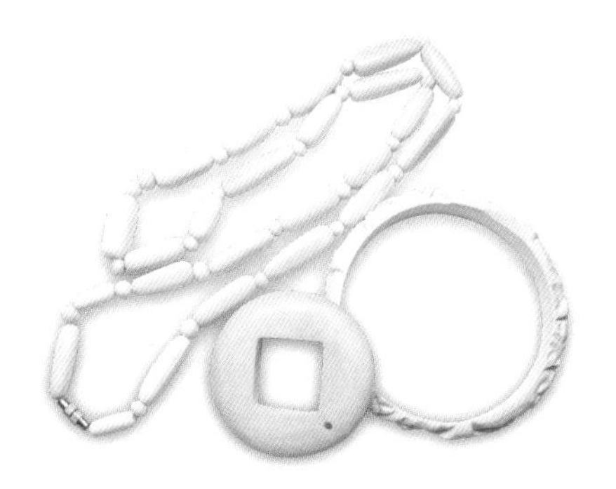

象牙饰品（严展提供照片）

象牙套球（李遵清收藏并提供照片）

中就可以使之变软，不耐酸；其硬度为 1.5，比重为 1.7 ~ 1.9。

象牙的质地柔韧细腻，光洁无瑕，硬度不高，加工时便可轻易达到细若游丝、薄如蝉翼的工艺效果。象牙雕刻在我国已有几千年的历史了，在河姆渡和大汶口文化遗址中均有象牙制品。

商周时期的牙雕工艺图案，以模仿青铜器上的细致花纹为主。到了汉代，细线镂雕和细毛镂雕日渐成熟，并善用宝石镶嵌。唐代牙雕又有了新的创意，出现了染色雕琢技巧。宋元时期发明了多层镂雕套球，可层层转动。明朝时牙雕注重它的写实性。清代微型牙雕崭露头角，显示了较高的雕刻工艺，产生了大量的牙雕精品。此期的牙雕工艺还延伸出牙丝编织工艺，经劈丝、打匀、磨光后纺织成型。

猛犸象牙雕（外面留有表皮）

上海的象牙雕刻历史不长，也就是一百多年。上海玉石雕刻厂建厂初期便成立了专门的牙雕车间，通过几代人的努力逐渐形成了一支高质量的牙雕团队。如最早的牙雕艺人匡成良、匡奕贵、冯立锦、易恒福、陈茂生、冯业炳等，以及徐氏三兄弟：徐万荣、徐万福、徐万成，他们都是行业内众口交赞的象牙雕刻名家高手。目前，牙雕的主要生产地有北京、广州、上海、南京、扬州等地。上海以人物雕著称，南京以仿古牙雕为主，北京则以古装仕女、花鸟擅长，广州的牙雕象牙套球、龙船等较有特色。

大型的牙雕常见的是以整根象牙雕刻成山景（山子雕）、蚌景、各类传统题材或现代题材。蚌景题材目前业已成为上海牙雕中的保留作品，其形式可以是横向的，也可以是竖立的。象牙雕刻小件则以各种佩挂、把玩的首饰和艺术品为主。象牙雕刻一般没有现成的工具，均为雕琢者依据作品施艺要求自行设计制作，不断改进完善，直至得心应手，水到渠成。

象牙雕刻的工艺包括：切、磋、凿、刨、雕、刻、钻、镂、磨、抛乃至拼、镶、熏等技巧。根据不同的主题和情节，充分运用镂雕、圆雕、深雕、皮雕、细花镂空雕、线刻、微刻等手法，通过内外景结合的形式，达到环环紧扣，层层呼应。

象牙雕摆件：哪吒闹海（上海玉石雕刻厂设计制作）

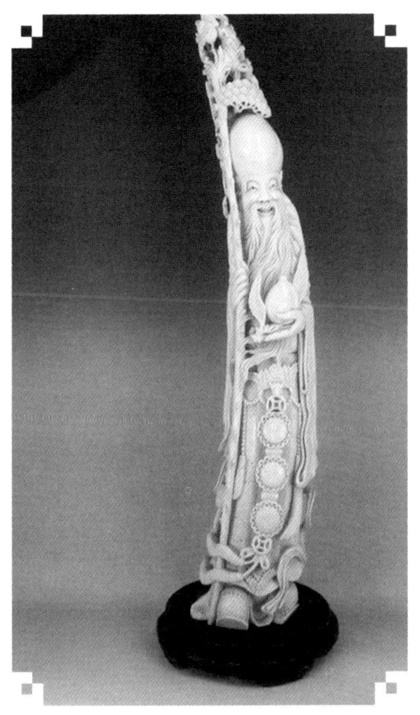
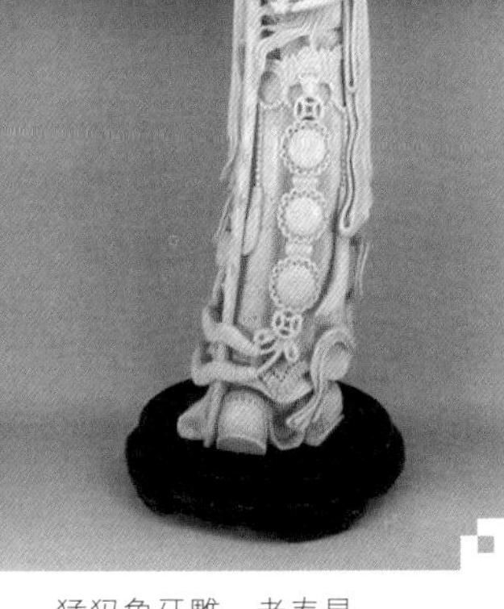

猛犸象牙雕：老寿星

明象牙雕人像

象牙鉴定特征主要是看它的自然生长纹理。在它的横截面上，我们可以清晰地观察到它是以牙心为原点，向外逐渐扩展形成“人”字形和网格状的菱形交叉纹路，越到边缘牙纹就越性粗。由于亚洲象的象牙贸易早在1989年就被《濒危野生动植物种国际贸易公约》（CITES）所禁止。而非洲象则在1975年就被列入CITES附录I受到保护。所以现在市面上能见到的只是些猛犸象的牙制品。其牙质坚硬细润，有韧性，不易崩裂，截面天然优雅。纹理呈螺旋状变曲，形成施氏角平均值小于90度的菱形纹理（也称为勒兹纹理线），这是猛犸象独有的特性。其表皮局部分布有白垩状沉淀物质，犹如化石。猛犸象属长鼻目象科动物，在1万～2万年前已灭绝。

容易和象牙混淆的其他物质则有：鲸鱼骨、海象牙、海豹、海马、海狗、海猪的牙以及兽角类、兽骨类和人造牙等各种材料的替代品。骨质材料质地明显比象牙要粗糙，骨壁较薄，其价值低廉，大都作为镶嵌工艺品的构件。

五、贝 壳

贝是有介壳的软体动物的统称，如蛤蜊、贝、蚌、螺、龟等。贝壳绚丽多彩的油脂光泽与珍珠光泽，是用作饰品的天然理想物质。人类用贝壳作饰品已有5 000多年历史，我国的“山顶洞人”、欧洲的“尼德人”、亚洲的“爪哇人”都有着悠久的使用历史。在4 000多年前，人们已把数量少、色彩亮丽的贝壳当作货币，故有宝贝之称。宋代欧阳修有诗《鹦鹉螺》曰：“大哉沧海何茫茫，天地百宝皆中藏。牙须甲角争光芒，腥风怪雨洒幽荒。珊瑚玲珑巧缀装，珠宫贝阙烂煌煌。泥居壳屋细莫详，红螺行沙夜

各类螺、蛤、贝类甲壳

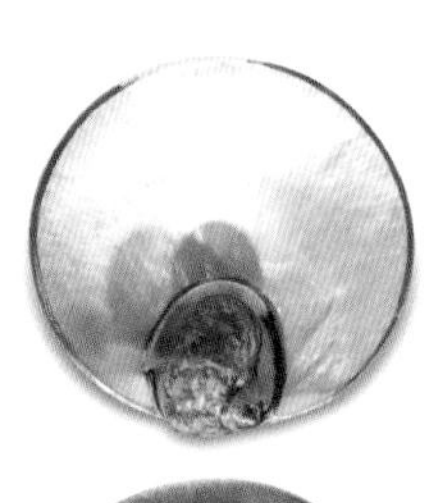

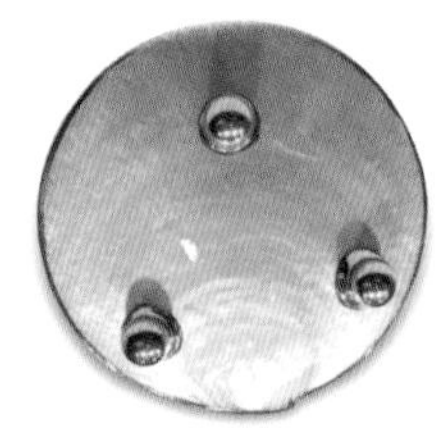

菲律宾贝壳工艺品

贝壳工艺戒（郑一星提供拍摄）

龙头龟摆件（龟壳和碧玉相衔接拼镶而成，顾玉英提供照片）

古代作为货币使用的贝壳（古者货贝而宝龟，周而有泉，至秦废贝行缄）

生光。负材自累遭刳肠，匹夫怀璧古所伤。浓沙剥蚀隐文章，磨以玉粉缘金黄，清樽旨酒列华堂。陇鸟回头思故乡，美人清歌蛾眉扬，一酹凛冽回春阳。物虽微远用则彰，一螺千金价谁量，岂若泥下追含浆。”

贝壳的无机化学成分主要是 $CaCO_3$（文石、方解石），有机化学成分为 C（碳）、H（氢）化合物及壳角蛋白。硬度 3 ~ 4，比重约 2.85 ~ 2.86。贝壳产于广东、广西、江浙沿海、海南、山东半岛和辽东半岛等地。贝类首饰市场的集散地有合浦、北海、桂林、苏州、诸暨、杭州等地。贝雕工艺品较著名的生产单位有合浦工艺品厂、青岛贝雕厂；广西（北海）、海南、浙江等地近年来也兴办了不少贝壳制品厂及工艺品厂。利用各种贝壳的天然颜色和花纹雕琢、刻磨、塑成的各种工艺品，光彩熠熠、赏心悦目。螺钿珠贝镶嵌在家具上也被广泛运用。值得一提的是钦州湾畔的微刻珍珠贝作品已多次被作为国礼赠送国际友人，获得一致好评。此外，某些贝类作为海水养殖珠珠核，亦被广为应用。

《本草纲目》中称：“鲍鱼壳可平血压，治头晕眼花症。”在汉文字中与价值有关的字有：财、货、贵、贱、赚、赔等，都和贝有关。我国 1997 年 5 月 1 日正式颁布的珠宝玉石国家标准释义中，将其纳入天然有机宝石名称之一。

六、犀 角

犀的踪迹曾经遍布世界各国，但目前已属急需保护的濒危动物。犀角同象牙一样也是国际上禁止贸易的物资。

犀属哺乳动物，奇蹄类，形状略像牛，亦称其为犀牛。犀角是犀牛长在鼻子上的角，是它的特殊器官，也有称其为“奴角”的。犀主要生活在亚洲和非洲的热带森林里，亚洲犀的角为独角，短而粗，非洲犀的角为双角，较为细长些。犀牛的角由圆柱形丝状、纵向紧密排列的角质纤维组成，是头部表皮的衍生物。它的角质纤维与哺乳动物毛发结构很相似，其纵剖面纹理呈粗糙顺直状，如甘蔗直纹。角质细胞围绕其中心的髓质部分层层包裹，髓质中布满了大大小小的椭圆形气室，纤维排列互相挤压得很紧密，

犀牛角碗盅（李遵清收藏并提供照片）

角雕：胡人头像（张正建收藏提供拍摄）

使其横切面呈现三角形或栗眼的形态，即俗语所说的鱼子状和芝麻点。实心无腔，很坚硬。犀角按色泽、纹理、花斑的不同，又可细分为山犀、水犀、毛犀。山犀有鱼子状的栗纹，纹中的眼又称为“栗眼”；水犀的角，颜色深得发黑，内中有白点黄栗花纹和晕；毛犀无栗纹，但有似竹纹理。犀角一般呈圆锥形，底部为凹洼状，越接近角尖处，颜色越深暗。亚洲犀角质量优于非洲犀角，颜色以棕黄、棕红或黑紫色较为常见。

犀牛角是名贵的传统中药原材料，有强心、解热、解毒、止血的作用，比较珍贵、稀缺。市面上犀角雕件大都为明清时期作品，做成杯、管、簪、觥、盘、碗等器皿。经人为染色的也不少，经染色的犀角比本色更趋深棕红色，有时做过头变成焦黑颜色。《格古要论》谓：“凡器皿要滋润，栗纹绽花者好，其色黑似漆，黄如栗，上下相透，玄头两脚分明者为佳。”上品犀角，质似玉，以栗纹清晰、细腻，逆光观之莹润欲透为上品。古玩市场内的犀角工艺品人造的极为普遍，我们应认真加以鉴别：首先要找到真正的鱼子状栗纹和栗眼及花斑，此种结构是犀牛角所独有的，然后仔细辨别是否天然色泽等。

七、玳瑁

玳瑁，爬行动物，形状像龟，产在热带和亚热带海洋内。甲壳呈黄褐色，有黑斑，很光润。玳瑁甲壳为有机质成分，具油脂光泽及蜡状光泽。硬度2～3，比重1.29。常见颜色有黄色、棕色，有的带有黑色和白色斑纹，透明度越好越珍贵。自古以来，玳瑁作为装饰品颇受青睐。玳瑁眼镜架子、手镯、戒指、挂配件……各类工艺品应有尽有。

玳瑁镜架和梳子

玳瑁手镯（陈斌提供拍摄）

八、砗 磲

砗磲是世界上最大的贝类软体动物。生长于海洋珊瑚礁中，主要产在澳大利亚及富有珊瑚的近海礁岛国家。我国南海诸岛、台湾南部海域珊瑚产区是我国砗磲的主要产地。砗磲中最大的称为库氏砗磲，长度可达 2 米以上，重达 300 多千克，壳厚 20 余厘米，壳弯曲似荷叶边形状。

砗磲在一些西方教堂内被用作施洗礼的圣水盆，在澳大利亚沿海一带，居民多用作小孩的澡盆。世界上最大的一颗海水珍珠重达 6 350 克（直径有 37.94 厘米），即产于一巨型砗磲中，专家估计它生长年龄应在 350 年以上，现珍藏于旧金山银行内。

我国广东、海南等地将砗磲加工成挂件、摆件、各种工艺首饰品。其洁白程度及表面光泽可与白玉媲美。佛教七宝，砗磲名列其中。《广志》云："车渠出于丈秦及西域诸国。"晋司马彪诗曰："玉出阆风侧，珠生南海滨。奕奕不同阪，苏桂扬其芬……"

砗磲圆珠（郑一星提供拍摄）

砗磲在古时应用较为广泛，目前由于选用材料的多元化和物以稀为贵的收藏指导思想前提下，已日渐衰退。

九、煤 精

煤精亦称煤晶、煤玉，是一种致密、较坚实的煤，被视作黑颜色的有机质宝石。煤精产自新生代第三纪煤层中，它是泥质与植物腐殖质的混合物。其化学成分是由碳、氢、氧、氮、硫及少量杂质所组成，其中的有机质主要以低等植物的藻类残体为主，包括木质素及少量角质层、小孢子等，此外尚含有少量的石英、长石、黏土、黄铁矿等无机物质。

煤精为非晶质，呈致密块状集合体产出。其颜色有纯黑、黑褐、褚褐等色。不透明，有树脂光泽、沥青光泽，好的呈油脂光泽。结构均匀，质地细腻，不易破损，具可燃性和热塑变形特征。硬度 2.5 ～ 4，比重为 1.3 ～ 1.4，折光率可达 1.64 ～ 1.68，性软而脆。

煤精制成饰品和艺术品的历史可上溯至距今约 6 800 ～ 7 200 年之前的新石器时代后期。煤精的质量主要体现在油黑闪亮的外观光泽和细腻、平坦、致密的质地。纯黑中带明亮树脂光泽和漆色的为上品，光泽暗淡有裂隙、斑纹、孔洞，夹杂有褐色条纹的次之；块体越大越好。煤精的主要产地在我国东北地区辽宁省抚顺市和贵州等地。

煤精圆珠（刻面珠）

十、海 柳

金丝海柳佛珠串（姚桂田提供拍摄）

海柳生长于海洋深处，形态奇特，没有固定造型，表层常嵌有贝壳、沙土等杂质。海柳木质细腻，坚韧耐腐，水浸不朽、火焚不损，有森林活化石和铁木之称。海柳的主要品种有：红柳、赤柳、膝柳、石柳、金丝柳、乌柳等。海柳所含碳的活性较强，每逢台风来临或温差异常，气候突变，表皮便会暗淡无光，且略有微湿感。一旦天气放晴，又能恢复如初。海柳沾水后表面会变色发白，应避免暴晒和开水烫洗，否则有可能引起开裂和死柳。

咬定青山
不放松立根原在
破岩中千磨万击
还坚劲任尔东西南
北风

附录

附录一　上海滩珠宝首饰行业的起源及发展史

附录二　珠玉彙市的趣闻轶事

附录三　银楼业在上海的诞生与发展

附录一 上海滩珠宝首饰行业的起源及发展史

1. 上海滩珠宝业的由来

13 世纪前，上海还是一个滨海渔村，以后设镇、设县，1292 年隶属于松江府。1843 年 11 月 7 日，清政府正式宣布上海为华洋通商口岸。开埠前，上海老城厢地区，从十六铺到董家渡黄浦江沿线一带早已是商店林立，客栈鳞次栉比，米业、豆业、钱业和饮食业等先后形成，店多成市。南市很多颇具特色的地名沿袭至今，如：咸瓜街（药材批发市场）、豆市街（豆米批发市场）、花衣街（棉花行）、篾竹弄、芦席街、竹行码头、油车码头。有码头的地方便有栈房、市场，迄今这种情况依然存在。像大达码头、复兴东路码头（水果批发市场），业内称“大行”“小行”。董家渡码头近几年开辟的“轻纺面料市场”，在国外的名声比国内还响。

据史料记载，19 世纪中叶，城隍庙周围拥有珠宝古董店 16 家，首饰店 20 多家。直至建国初期，今日的方浜中路（旧时称庙前大街）东段尚有著名大同行、裘天宝、老庆云、景福、恒孚、东来升和方九霞等六家银楼，号称“金银首饰街”。在过去的很长一段时间内，珠宝业素以掮卖性质为主，并没有固定资本及店址进行营业注册。一切事务均由个人处理，且大多以手工工艺为主。从业者少年失学，不习记写。业务的往来是在散漫无稽考资料的过程中，系自我集散、自我调节、自筹资金、自负盈亏，原始状态下的民间手工商品的交流。其加工制作艺技世代相传，子承父业。而这些交易都是以约定的茶楼、酒肆作为集会场所。通过吃茶聊天，互通信息，促成交易，成了茶市场，俗称“茶馆店”。久而久之演绎成各种商业性的会馆、公所及各种行帮组织，到清末民国初期又发展为交易所。

清代是珠宝玉器发展的鼎盛时期，封建王朝召集了大量琢玉工人为他们制作各种珠宝首饰和玉器。高宗皇帝（乾隆）因酷爱白玉，封琢玉工人为“先生”。由于他的影响，权贵重臣莫不以玩赏白玉为时髦，玉的身份隆重到了极点。当时的北京崇文门内先后开设有大小玉器局、玉作场六七百家，行业内至今尚有“乾隆工”的说法。

苏州的阊门内、天库前以及石子街一带，也是同样的情景，拥有大小玉器作坊及水晶工场不下百余家，市场极为发达。起先专琢白玉，后来以新山玉、翡翠为主。附近有座周王庙，大殿内供奉着周宣灵王，相传为玉祖先师，故玉业的肇端当远在周代以前。周宣灵王殿的侧屋则是场主们每天聚会、吃茶招揽生意的场所，逢初一月半烧香礼拜，祈祷生意兴隆。

咸丰元年（1851 年），太平天国运动爆发。定都南京，忠王李秀成率军占领了苏州。苏州是江苏省的首府，历来是抚台、藩台、臬台三大宪衙门坐镇的重地。慑于太平军的威严，候补官僚、富商达贵纷纷潜逃上海。寓居在苏州的大贾失去了靠山，也只能紧随其后，纷至沓来。到了咸丰十年（1860 年），依靠手艺谋生的玉器作坊场主和少数掮卖商陷入了萧条的困境。听说上海有洋人的租界，可免受战火威胁，为了摆脱现状和解决一家老小及作坊伙计的温饱，不少场主便择日结伴南下。其中有三四个场主，尽管路上有盗匪掳掠、歹徒出没，好坏总算到了上海。他们来到南市城隍庙四美轩（刻字社）一带，顿觉游人如织，与苏州显然不同，便萌生了在此开店设铺的念头。但苦于手头无银，人生地疏，左思右想不得要领。其中一人提议，是否先买只淘砂的畚箕（做玉雕的辅助工具，用来滤砂的），将随身所带之斗幅、帽正、镯头、挖耳、戒指之类物品，谎称淘砂挖来的旧货，拿到四美轩后面五老峰、环龙桥等处摆个地摊试试看。于是就买了畚箕摆起地摊来。（豫园正门口九曲桥东面原来是条通道，在如今的豫园和内园之间，通安仁街，上面有座桥，叫环龙桥）。当时带的东西不多，只能返回苏州再取，并将琢玉的一应工具和未及完工的半成品，加工整理后一起搬到上海。这时路途风险也较过去为小。在苏州的其他场主听到这个消息遂相继来到上海落脚谋生。以茶馆为依托，交流行情兼做买卖的习俗同样移植至上海。

2．珠玉彙市的形成

清同治八年正月（1869 年），上海知县叶庭眷鉴于当时市面上有不少人聚集在茶馆店里做珠宝生意，男女混杂在一起，尤其在城隍庙罗神殿旁边的茶室里，此事有渎神明，要严加惩处，并出示布告张贴在该处。珠宝同行一时间没有了聚集交易、赖以维持生计的地方。于是同行之间感到最好有个每天能集合营业的场所，有必要建设一个宽敞适宜的公所。当时便有几家苏州籍较有实力的店号发起，共同集资捐助来促成此事。款项凑齐后，就在侯家浜（福佑路侯家路西面）买了三间平房，稍事修葺，题额“仰止堂”。（源自《诗经》“高山仰止，景行行止。”即今日侯家路 26 号原上海珠宝玉器厂厂址所在地。）珠宝交易暂且有了固定的场所，继后各号又有些捐助，再次添置地皮，建造房屋以通后门。历经了初创阶段的四年之后，市场已初具规模。由于市场有珠宝集散中心的功能，所以也叫“珠玉彙市”。

自 1869 年罗神殿茶室闲歇之后，至 1873 年另设公所告成，创立之艰辛、事业之希冀，由同业公议，陈情宪台，蒙宪批准，始建殿宇以成事业者耳。同行中人深感有必要予以留下些许历史痕迹，以便彙市交易流芳百世基业。于是具呈禀报，要求勒碑数书，以为后师之表，并正式申报当局予以确认。“具禀沈时丰、朱澄昂、陆景庭、张舜祥、顾庆麟、钱清甫等苏州吴县人，向昔在苏玉器生理为业，于庚申年匪扰苏城，避至上海罗神殿作为贸易彙市之处，迄今十有余年。素安本分，并无违犯情事。皆因无力开店，故借茶室为交易之所，前示禁妇女入馆吃茶，当经禀奉，宪批生意为重，另觅公所。等身捧诵之下，不胜感戴。遵于侯家浜觅得房屋一所，作为交易公所，并不卖茶。上副于宪，下达商情。俾可照常糊口，不致失业。诚恐倘有外来闲游人等借端滋扰合行，具呈禀请为此粘批，还求大人恩赐批准，给示俾安行，公侯万代。”（摘自上海档案馆其 185–1–4）同治十二年十月十三日顶德上禀，十月二十三日给示勒碑，珠宝市场大功告成。

时至今日，上海珠宝玉器厂西北角与福佑路清真寺交界的一段围墙上还保留着完整的当年刻有资助人姓名以及出资银两的大石碑。厂方在加固旧围墙时经多次涂抹，已深深地嵌在墙体内了。捐助者少则几元，多则几十元、上百元洋圆。建造公所共用去银洋伍仟壹佰贰拾伍元伍角。光绪十年（1884 年）到光绪十五年（1889 年）清和月，又起造后进厢五间，包括玉祖先师殿宇及戏台，此款项当年共捐得叁仟零伍拾捌元，改建下来，还尚有结余。至此市场已有了 30 年的历史。

当时的玉祖先师殿宇和戏台中间是一个大天井，殿宇后来一直俗称“老爷堂”，因堂内正中有座佛像，后来者不知佛堂供奉为何方神仙，只知是老爷。上海珠宝玉器厂在20世纪80年代进行了几次改扩建，已难见当年的全貌了。老的市场门楣花岗岩条石也早被拆除，埋在厂门口当上街沿了。唯一的戏台老房子还在，屋面抬高后成了一幢独立的二层小楼，楼下成了敲砂间（整理金刚砂的工场），楼上成了宝石车间的办公室兼库房。粉墙青瓦的老房子被团团裹在改建后的新厂房与居民楼宇之间，但西边像城墙般高耸厚重的围墙遗风犹存。

旧时的“仰止堂”，整个大厅被分割成二十余间厢房，每一厢房内又置有桌椅板凳。一些老字号的珠宝店家便在厢房内挂牌营业。贸易场所又有专门茶房部烧水泡茶。每当集市之时，侯家浜、福佑路、沉香阁一带车水马龙，摩肩接踵。有穿长衫马褂的珠宝商人，西装革履的洋行买办，操洋泾浜外语的“黄牛”、“掮客”，以及作坊业主、淘便宜货的摊主散户。这些人归结为“坐商”、“摊商”、“居间人”三大类。大厅内人声鼎沸，深谙行情、能说会道的居间人（现代称为经纪人）穿梭在人群中，反复将手伸过来、伸过去，你捏我手指，我捏你手指的，来促成买卖双方成交。“袖笼里做文章，手指头谈生意”，居间人相互捏拿手指就代替了报价与讨价还价。一般同行之间对同一货品的价格看豁边十倍的可能性不大。所以捏几只手指头，捏几次当然双方心知肚明。八九不离十了，就会封包等待结算。有时谈不拢或有疑问时，就会提出来不封包，去方便一下，回来重新再继续谈。

外行人看他们你来我往就有点丈二和尚摸不着头脑了，再加上使用的语言又是行话“切口”，例如：旦底（一）、阿土（三）、侧目（四）、缺丑（五）、分头（八）……业外人听了一下子还反应不过来。香港地区的玉器市场上，到现在还时兴捏手指头谈价钿。但不是在长衫的袖笼里，而是用报纸遮一遮，或用手帕盖住双手来做秀。这是历史的陈迹，世风之一景。目前珠宝市场内一些“老法师”仍保留有捏手指头和讲行话的习惯。这是讨价还价的一种隐蔽手法，是为了防止边上人借助你的眼睛出外快，或者有人多嘴撬边插扫帚。现在市场交易直接报价的多，但你最好还是问一声：“是小的，还是大的？”因为开价的人，往往拿一百元说成一元，十元就是一千元。同行是拎得清的，外行就觉得不可思议了。还有的将纸包上的编号倒过来作为标价。一分价钿一分货，市场内是允许讨价还价的。但是在还价后双方确认了，却取消了交易，就违规了。居间人在做成一笔生意之后，往往货主会拿出成交金额的1% ~ 3%作为佣金，以示酬谢，同行中所谓

“香香手”，这也是过去的行规。隔行如隔山，如果能恢复“居间人”行当，对购买者来讲，既方便又实惠。毕竟，业内懂行的了解行情，有着丰富的专业知识，通过中间人去讨价还价还不失你的面子。但你的要求和具体中介费用最好谈清爽再委托代理，以免节外生枝。

由于市场的确立，由苏来沪的场主大都集中在老北门季家弄（计家弄）、侯家浜（侯家路）、长生街、石皮弄、吴家弄、和尚浜（大境路、紫华路）等附近租房贷屋，开设作坊不下一百二三十家。据统计，1929 年新北门、老北门一带共有珠宝店 27 家之多。

3．茶水酿分裂　新址成鼎足

由于彙市系业内人士共同集资捐款营造，属于在无组织状态下以集贸形式出现的交易活动，珠宝界的店员、商贩、居间人，都可以在规定的时间内（一般在每天下午一点钟）进入“仰止堂”。营业时仍有茶水供应，酌收一些茶钿，彼此和睦相处，逢事与共。

行有行规，帮有帮派。上海苏州籍的同业结合杭州、湖州来的同业谓之苏帮；上海南京籍的同业结合镇江来的同业谓之京帮。凡同业中及公所一切政事由年董钦商议定，每年正月十五齐集公所公议，请一位值年暂理公所各项会务及财政、行政用人等一切事宜。苏帮与京帮中人，有一次为了收取茶水费的细小琐事双方发生了口角，矛盾逐渐加深，直至对簿公堂。先在道署起诉，后来又到南京省署控告，最后上书至北京法部，吵得不可开交。此事惊动了大学士陆润庠，经他出面劝令双方和解。他语重心长地告诫双方：“南京、苏州同属江苏，何必兄弟阋墙，应同归言好。”经陆相的一番劝导，事态才渐趋平息，但大家总归有点面和心不和。

光阴似箭，转眼到了光绪三十二年（1906 年），因房屋需要维修，苏州帮与金陵帮又再次掀起风波，双方纠缠不休。珠宝公所中人便抄勒石碑，涉讼当时的上海县正堂。裴堂谕：“玉器公所既据，暨建造公所碑摹，其公所属苏帮无疑。而南京帮之金祖培等如无公所，自应另为建造，不得浑行牵扯。即使志故归帮，亦应与苏帮陈宗浩等善为商议，才始平允，毋得遽起讼端。”两方仍然争执不下，会商多次，意难议妥，足足缠讼了三年。直到光绪三十四年（1908 年）九月十七日，由苏淞太兵备道蔡乃煌，传集双方代表陈宗浩、杨德铭、罗钧、哈麐、聂佑福等人传旨劝谕，两帮这才宁事息讼。

诉讼期间公所关闭，乃借康园茶室每天上午进行珠宝交易活动。康园是一个带卖酒的茶馆店，原址在今日福民街西首。就是这条狭窄的小弄堂，两边开设有几家古玩店，尚有瓷器店、红木小件店、乌木筷店、竹场、成佛处（专做沉香木小菩萨），包括有些住户附带出售一些零星日用百货及杂耍玩具等小生意。中间有家泡开水的老虎灶，北面与法租界隔着一条护城河（现在人民路），是贯通法租界和城隍庙的一条进出要道。

就是这条福民街，在民国初年曾发生一场大火，从上午九时多一直烧到下午五点多。稀奇的是，这家老虎灶四周均化为灰烬，而它却安然无恙，巍然独存。康园因四周围墙高耸，也未曾殃及。这里由于京苏两帮发生纠纷时曾做过一个时期的珠宝集市场所，并为嗣后的仲裁言和之处，古人所谓讼则离，和为贵，信哉善哉！此事一度在行业内外传为佳话。

据史料《珠玉业新彙市落成记》记载："光绪三十二年缘房屋倾颓拟欲改造，乃有南京帮金、沙两人谓从前曾有捐款数，竟欲占据其本。苏帮以同业之谊再四迁就，会商多次竟难议妥，乃入讼公堂，自县至道至抚院、督院、农工商部阅三年。同人等因公所关闭，乃借康园茶室权且每晨齐集贸易之所，继因地方窄隘，亟思另建新屋。于是商请于郑云芳君，在公所之对门住宅一所，坐东朝西让于同业以建彙市。于三十二年鸠工建筑，三十四年春方始告成。题颜曰：珠玉业新彙市。堂额曰：韫怀堂。"郑云芳君当时是珠玉彙市襄理。

经上述两次大的波折，韫怀堂新彙市成了苏帮的新市场，大家把仰止堂称作"老公所"，该处就称"新公所"。老公所经上海道蔡堂断定，暂借于京帮五年，期满勒令其迁出，将来作同业的会所。当年俱禀倡建者有：叶雪帆、程心伯、陈养泉、郑云芳、杨朴之。帮办：陈雨辰、宋杏林、罗志祥、潘端生、程平三、陆宝山，总董是陈养泉翁。新彙市落成后，发起者再次追述了创业的历程，档案中记录了这样一段："帷缠讼三年辛苦备尝，养、心、云、朴、雪五人既上县堂数次，复由道宪亲讯一切困难，笔难罄述。所有三载用项及新彙市落成共需洋三万数千元。幸同业同心协力，为输助保成此新厦，惟冀共为维持以保久远。"

新彙市就在老彙市的正对面（侯家路 25 号）坐东朝西，进门便是一个硕大的厅堂，它的旁侧是一坐北朝南明清古典建筑结构，融合了石库门一客堂二厢房风格的住宅。天井的围墙森严浑厚，留有琉璃通风气眼。天井内长方形的花岗石板地坪，错落有致。堂檐上方是一拱形的廊桥型过道，东西向隔断均系砖刻过渡，上面有山水、人物，画面栩栩如生。高耸的落

地排窗雕花描金，庄重繁复。走入客堂更是气势非凡，粗壮的大红立柱在鼓形石础上纹丝不动。青砖盖地，敦实平整。劈面一排屏风后左右两部木质大扶梯供上下。整个客堂通畅高大，东暖夏凉。楼上前后南北向全部是木质雕花窗棂，光线充足，空气通透。西首的前厢房有一通道，连接前进厢的韫怀堂交易大厅。笔者在此短暂工作过几个月，当时所见房屋虽经百年风雨磨难，又系作为金工车间后，车、钳、刨、铣、磨、压、镀等全部在此劳作，显然有些斑驳陈旧，但豪宅风采犹存。在20世纪50年代公私合营时，该处曾一度作为镶嵌工场间。在此后的行业发展中，这里又成了上海珠宝玉器厂的金工车间和金刚石玉雕工具电镀车间。韫怀堂大厅一度为医疗四厂仓库。直至城隍庙地区整个地块的改造，拆除了大片的居民住宅，盖起了“福源商厦”，才彻底结束了这段历史。

时光荏苒，斗转星移，至宣统三年（1911年），京帮在同路的西首，侯家浜中段（侯家路73号），建造起“韫辉堂”（源自西晋　陆机《文赋》：“石韫玉而山辉，水怀珠而川媚。”）新彙市，也称“振兴公所”。目前该处尚未拆除，系豫园商城的房产。京帮退出仰止堂，老公所就交给扬州帮管理，以制作玉器摆件为主。韫怀堂由苏帮经营有色宝石和翡翠饰品。韫辉堂由京帮专营珍珠、钻石。此后的对外联系公事往来，京、苏两帮各用自己的名称；内部事务和生意往来亦各归自己管理。桥归桥、路归路，方圆自主。至此，三足鼎立互为犄角，老北门一带市容顿趋繁荣。

国民政府定都南京后，上海商会接到通知，全市各工商业均要建立统一的同业工会。经三方多次努力达成谅解，一致同意组成“珠宝同业公会”，正式申报市商会核准成立。民国十九年（1930年），珠玉彙市正式合并改组为“上海市珠玉商业同业公会”，两帮复归统一。

1937年抗日战争爆发，“八一三”事变，淞沪相继失守。事前珠宝同业公会迁至租界内停止了办公，静观形势变化。未几，南京、杭州先后沦陷。惶恐的同行先后逃来上海。公会与同业中人遂向汉口路、湖北路口的乐园茶楼主沈吉堂接洽，以茶楼作为每天下午临时集合营业的处所。新、老公所则成了临时难民避难处。某些脑子灵活的同业便适时将店铺开到了南京路、九江路、汉口路一带。时因国外交通阻断，继受政府严密管制，同业所经营者，无非将原有存货互相买卖。国外宝石原料又无从输入，致出口陷于停顿。1939年敌伪时期，又改称“上海特别市珠钻玉业同业公会”。1945年宣告结束。抗战胜利后，1946年上海、平津各地盟军竞相争购翡翠、宝石饰品携返本国，市场出现了虚假转机。据1946年统计数字显示：入会者有 186 户，坐商与从业人员达 2 000 余人。全盛时期全市大小珠宝店多达 120 多家。南市老城厢旧校场、障川路（丽水路的前身）一带就有象天发、顺昌、振昌、三鑫、杨天祥和恒昌祥等 11 家。城隍庙里又有王锦秀斋等珠宝店三五家。以珠宝谋生的直接、间接人数约有八九千，以镶嵌为生的艺人尚有 400 多人。

4. 新中国成立以来行业情况

新中国成立后百业待兴，珠宝首饰行业一度被视为与国计民生不相符合，直至 1951 年行业复原，又重新建立起“上海市珠玉商业同业公会”。全市尚有珠宝店和工场作坊 106 家，其中商店 82 家，磨钻工场 7 户，镶嵌及琢玉工场 12 家，最早的开设于 1901 年。隶属于珠玉彙市的摊商 141 人，居间人 230 人，以珠宝业为生的从业人员在 800 人左右。

1956 年在珠玉彙市的旧址上由梁兴忠（前身为“梁兴记珠宝玉器加工商店”，始创于 1926 年）、顾跃庸、章鸿山、秦正发四户较大的玉器作坊和彙市内部分镶嵌师傅，以“五个互助小组”的生产经营形式，从事外贸旧饰的加工和改制业务。仰止堂、韫怀堂在 1957 年 7 月 1 日分别成立了“上海光明玉模厂”和“上海东风镶嵌饰品厂”。1960 年两厂合并统一管理，1963 年东风厂正式撤消，1966 年统称光明玉模厂。互助组初期人员在 40 名左右，年产值仅 20 万元。光明玉模厂自 1970 年至 1973 年曾一度转产，改做晶体管元件和伟人像章。到 1973 年底才恢复磨制宝石和制作玉器小件。于 1966 年和 1970 年接收过两批新进职工约 30 多人。1976 年又开办了工业中学，招收培养行业接班人。到了 20 世纪 80 年代，职工人数增至 170 多人，年产值在 100 多万。1982 年 1 月 1 日，经上级批准正名为“上海珠宝玉器厂”。1983 年和 1984 年相继在人民路 423 号、金陵东路 327 号开设了外销内营门市部。全厂产品发展为珍珠、宝石、平面雕刻、玉雕工艺摆件、黄金镶嵌及金刚石玉雕电镀工具等六大类。职工人数稳定在 250 人左右，为全市唯一生产珠宝的专业性国有企业。

5. 珠玉彙市的新生

1992 年 3 月市政府正式批准豫园地区商业设施改扩建工程为市重点工程。笔者于 1981 年起，就对上海珠宝玉器厂厂史和珠宝产品的原料来源、制作工艺、质量要求、销售渠道等情况作了大量的调研。鉴于城隍庙地区在新的形势下，大兴土木进行改扩建，历史上的“珠玉彙市”应该有它的一席之地。同年8月21日笔者在《上海经济报》上发表了“上海老城隍庙地区改造应再现珠玉彙市昔日风采”（8月26日上海市政府内参《上海摘报》予以转载）。珠宝界不少老法师看到报道后，纷纷奔走相告，更有时任万象集团金银珠宝公司经理的杨先生，特意将有关报道复印若干份在同行中分发，引起了强烈的反响。

此讯反馈到当时刚上任的豫园商城总经理区福荣先生处，他正在酝酿要把“珠玉彙市”改革。在区总的盛邀下，笔者与他进行了沟通、商议，当年调入豫园商城，9月8日开始正式负责“珠玉彙市”的筹建工作。在此过程中为了进一步把工作做到实处，本人多次实地考察全市著名珠宝首饰商店的分布、银楼的销售、客户反响等情况，连续撰写了“项目建议书”、“项目可行性报告”、“市场调查报告”、“珠宝市场销售情况预测”等七份报告。并一次次地深入老“珠玉彙市”最后一批老法师经常集中吃茶的延安路云南路大世界旁的茶室和淮海公园内的茶室等地，倾听他们的意见和建议，对市场今后的操作有了一个比较明确的方向。这种历史的沿袭不是某一个人的个人行为，它需要天时、地利、人和三者合一作为契机，通过多年的培育、恢复才能实现的。

正是有了前期的务虚行动，随后才能在短短的三个月内把老饭店西厅不足100平方米的场地改建成了珠玉彙市的门面，并把旧校场路13号原九龙粮油食品商店楼面改造成交易市场。笔者特意邀请老局长胡铁生先生书写匾额“珠圆玉润”；韩天衡先生题写招牌“上海珠玉彙市”。又在市场内辟出一个房间，诚意邀请上海宝石实验所把教学仪器设备搬到现场，设立了“上海珠宝鉴测中心”，成为全市首家对外进行珠宝鉴定的鉴测中心。珠宝鉴定应运而生，因时而为，在国内是个首创。

翌年（1993年）1月8日假座上海老饭店举行了隆重的开张仪式。市场运作伊始还荣幸地邀请到胡铁生、杨熙元、王承运、蔡振华等知名人士作为珠玉彙市的顾问。也邀请到了不少老法师共同参与，他们深有感触地说：“我们是旧社会珠玉彙市的末代，也是新生的珠玉彙市的第一代，有信心有责任把珠宝市场搞上去。”彙市内除了门店经营外，还包括收购、评估、鉴定、寄售等。据不完全统计，开张当年在不足100平方米的店堂内，在在职人员只有13人的情况下，实现销售1073万元；上缴税收51万元；上交利润26.5万元。当时的珠玉彙市经营品种包括黄、铂金首饰，翠钻珠宝，古玩字画，陶瓷器皿以及各类民间旧工艺品、摆件，在旧校场路古玩一条街首屈一指。这主要是依靠了原来在文物商店、友谊商店、老的珠玉彙市工作过的陈国骅、马和生、陈泰平等老前辈的鼎力相助，积极参与。

珠宝市场的开辟吸引了全国各地的同行，从珠宝翠钻原料到成品，通过各种渠道汇总到了珠玉彙市的交易场所。20世纪90年代初，笔者曾在《美化生活》杂志发表了一篇名为《镶钻首饰在申城》的文章，提出了铂金钻戒的历史渊源和在上海流行的必然趋势。当时全上海包括广东、香港地区、印度的客商在内，做钻石生意的只有四家公司。只要是真的钻石，在珠玉彙市内没有卖不掉的，而且每次交易你抢我夺，并要预先登记，到下一个交易日再限量配给。从新疆和田玉到云南瑞丽、腾冲的翡翠供货商；从吉林蛟河的橄榄石到东海水晶、山东蓝宝；从俄罗斯钻石公司到巴西、南非的金刚石、祖母绿；泰国的红宝石、蓝宝石……真可谓是客商云集，顾客盈门。小小的交易厅内人头攒动，大家都像插蜡烛一样站着交谈。同行们对那种热烈的气氛至今仍记忆犹新，津津乐道。

20世纪90年代中期，南市区区政府根据南市发展经济的功能定位，提出了旧区改造的设想，决定恢复上海开埠以来的十六铺地区各类市场的繁华一幕。现有市场进一步做出调整，要为恢复发展的市场另觅场地，另起炉灶，还要开拓在新的历史条件下的新兴行业的交易市场。在区计经委的统一步骤下，开发珠宝市场的任务就由南市区招商公司和南市工业总公司来共同完成。最后确定暂借福佑路69号，豫园信用合作社的后半部分房屋来作为珠宝交易市场的场地。因豫园信用合作社原来也曾设想过要涉足珠宝经营，三者一拍即合，就由南市区招商公司和南市工业总公司出资金，信用合作社出场地，三方共同投资、资源同享、风险共担、利益均分。

在区政府召开的有关会议上，笔者受命筹建新的珠宝市场。福佑路69号最早是上海环球运动鞋厂的生产车间，被包围在旧式的弄堂小巷内。地底下还是个防空洞，上面是木结构尖顶构架，地面一半是泥地，支撑的柱子还是用旧砖垒成的，改造的难度相当大，门面是信用合作社，真所谓“螺蛳壳里做道场，后客堂内搞市场”。凭着一股“酒香不怕巷子深”的信念，在经历了除去三面墙壁没有拆除外，其他框架都进行了脱胎换骨的改造之后，面貌焕然一新。

重新塑造新的珠宝交易市场的殿堂，这是珠宝行业的商品属性和历史赋予的功能，在新的经济政策激励下所发生的新的一幕。它有着自己的轨迹，这条轨迹完全是自然、必然、符合逻辑的，它包含了几代人的努力。在跨世纪的前夜，一个以传统交易方法和崭新的现代化管理相结合的珠宝市场——上海老城隍庙珠宝市场，在典型的老城厢建筑群中，经过一番修

茸，于 1996 年 6 月 22 日正式鸣锣开张。由时任上海市南市区区长的孙卫国先生和香港珠宝学院院长欧阳秋眉女士为市场开业揭牌。众多新闻媒体，如上海电视台、上海东方电视台、上海人民广播电台、上海东方广播电台、人民日报华东分社、新华通讯社、香港大公报、解放日报、文汇报、新民晚报、劳动报、青年报、消费报、国际商报、上海经济报、上海金融报、中国黄金报、珠宝科技杂志、青年社交、现代家庭等数十家单位前往祝贺并竞相报道，整个开幕式到场人员达 800 多人次。

前期投资 300 多万元的老城隍庙珠宝市场分上下两层，总面积近千平方米。上层设有上海进出口商品检验局、商品检验技术研究所进驻的珠宝玉器鉴定站。有隶属于上海科技城的钻石、珠宝研究所，荟萃了众多的沪上珠宝专家、名流、教授负责举办的讲座、技术培训、信息交流以及科研成果开发；图书情报资料的汇总、编辑；矿物标本的收集、展示。研究中心精英荟萃，由著名科普作家、上海地质学会宝玉石专业委员会主任、高级工程师张庆麟，同济大学宝石学教育中心许耀明教授，上海科技大学翁臻培教授，中国宝玉石协会常务理事、上海交通大学教授方书淦，华东理工大学宝石研究室主任冯大山教授、郭守国教授，上海教育学院地理系沈能训教授，上海珠宝鉴定中心郑一星、梁大仁高级工程师等轮流坐镇指导并实施组织开办各类培训、讲座。能得到如此之多沪上顶级珠宝专家权威的参与，业内人士纷纷报名，社会上对珠宝玉器感兴趣的各方人士也积极要求前来。听课的学员不仅来自江浙二省，还吸引了山东、河南、湖北、青海、新疆等地的广大宝玉石爱好者，踊跃来信来电询问有关事宜。

宽敞明亮设施一流的多功能教学厅为举办各种层次的珠宝教学提供了良好的环境。而底层的珠宝交易市场随时可以提供各类矿物标样、珠宝玉器实物供初学者鉴甄辨识。多功能教学厅先后由香港珠宝学院院长欧阳秋眉女士、台湾宝石协会理事长崔维礼先生、戴比尔斯钻石推广中心刘厚祥博士等做了专题报告。值得一书的是比利时钻石高阶层议会属下的 HRD 钻石中、高级培训班也进驻市场。当时由杨正中先生牵线搭桥促成此事，并亲自担任两位比利时籍授课老师的现场翻译。每期学员在 20 ~ 25 人，光仪器设备就装了六大箱，从安特卫普空运至上海。2 ~ 3 周的培训课程，每位学员的收费在 1 万元人民币左右，试卷送往比利时批改，合格后授予 HRD 鉴定师资格证书。上海滩珠宝首饰行业的老总、鉴定师、珠宝店老板、资深的业内行家纷纷为取得该份国际证书而汇聚到上海老城隍庙珠宝市场多功能教学厅求学。

走进底层交易大厅却又是另一番景象。迎面的电子显示屏、50 英寸大屏幕电视机，通过闪烁变换的字幕，在向人们表示欢迎和介绍市场服务宗旨的同时，也用多媒体的形式向人们展示着珠宝信息以及世界各国的交易行情。环视周围的小交易厅，各单位的翠绿色灯箱招牌、广告熠熠生辉，映现一片蓬勃生机和生命活力。碧绿、鲜红、蔚蓝、青紫、无色透明……色彩绚丽的各国翠钻珠宝在橱窗射灯的照耀下一片星光灿烂，大自然美好产物尽收眼底。

笔者于 1996 年 3 月在《上海工艺美术》杂志上曾以“老市识新，聚旧再度”为题，阐述了本人办市场的基本思路。现在看来有些还未实现，有些观点还很幼稚，但不管怎么说，这是当时的真实想法。摘录其中部分：“珠宝市场以高科技为依据，采用先进的电脑管理手段，实现交易的全方位服务，并负责珠宝信息的采集、存储、发布、咨询等社会服务。珠宝市场以公正、公平、公开的原则，唯实、开放、系统、动态、辨证的经营指导思想，广泛吸纳国内外珠宝经营者。将场外交易引入场内，变无序为有序，变分散为集中。达到规范市场交易，调节市场价格，沟通市场信息的目标。珠宝市场不是以赢利为唯一目的，而是通过构筑安全舒适的工作环境、提供全面优质的专业服务、提高商品非价格竞争能力来塑造企业形象。以创新求发展、以质量求生存、以信誉求市场，逐步达到市场商业化、管理专业化。珠宝市场以现有的硬件设施，便捷的商务运作，使我国珠宝行业能尽快与国际接轨。市场通过会员制和经纪公司形式，保护消费者和业内人士的合法权益。上海老城隍庙珠宝市场的开辟是珠宝行业兴旺的又一个里程碑，尽管会有挫折、曲折，但这也只是前进道路上的反复而绝不是重复。市场本身就是在不断调整、充实、完善的过程中向新的高度攀登。要搞好一个市场，既包括组织者的知识技能、机遇和信息等技术条件，也包括行业内部的自强自律、操作能力和群体素质。要想实现行业的自身价值，行业的凝聚力和对社会的无私回报，这是立于不败之地的两大支柱。个人或群体的主观愿望只有在相对时机成熟和政府的依托下梦想才能成真，即所谓的‘天时、地利、人和’。想办成这样一个多功能的珠宝市场的整体构思，可追溯到几年前“珠玉彙市”初创阶段，由于种种原因未能如愿以偿，目前上海老城隍庙珠宝市场有限公司的组合设想，那也是在 1995 年春夏之际的事了，好事多磨。”

笔者的初衷也是在祈求行业在实现经济效益的同时，不要忘了社会责任。

时光飞驰，转眼到了 20 世纪，2001 年黄浦区和南市区两区合二为一。

在进一步加快旧城厢改造的举措中，福佑路东南方向和新外滩相接，与浦东陆家嘴金融区遥相呼应的一角被辟为大型绿地——古城公园，福佑路69号正好在它的范围之内。豫园信用合作社也转制为“上海银行”搬迁至河南路复兴路的新大楼内营业，脱离了原有的领导体系。上海老城隍庙珠宝市场也不再另觅场地。部分进场单位另找出路，大部分集中到了丽水路81号紫锦城六楼和福源商厦、南方商厦、鄂尔多斯广场、亚一金店、城隍珠宝和新开河大楼内。市场的运作每选择一个新的环境，必然有一个磨合成熟的过程，通过3～5年时间的培育，只要坚持住就一定能成功。

珠玉彙市纪年表

起讫时间	交易场所	地　点	情况说明
1860年（咸丰十年）	罗神殿茶室	上海老城隍庙内	由苏来沪珠宝业同仁交易
1869～1873年（同治八年至十二年）	珠玉彙市仰止堂（老公所）	福佑路侯家浜26号	集资置地改造旧屋后，作珠宝业交易公所
1906～1908年（光绪三十二年至三十四年）	康园茶室	福佑路福民街内卢家街	京、苏二帮缠讼未果，暂借该处营业
1908年（光绪三十四年）	珠玉彙市韫怀堂（新公所）	福佑路侯家浜25号	由苏帮另辟新的交易场地
1911年（宣统三年）	珠玉彙市韫辉堂（振兴公所）	福佑路侯家浜73号	京帮退出仰止堂，另辟新所
1937年	乐园茶楼	湖北路汉口路	抗战期间避入租界内
1993年1月8日开张	上海豫园商城珠玉彙市	旧校场路13号楼上	豫园商场改扩建新成立
1996～2001年 1996年6月22日开张	上海老城隍庙珠宝玉器市场 上海珠玉彙市有限公司	福佑路69号	旧区改造属古城公园动、拆迁范围，息业
2002年9月28日开张	聚宝堂（珠宝玉器商店）	福佑路旧校场路11～15号	老饭店改建后场地名称租赁给私企

附录二
珠玉彙市的趣闻轶事

1．办珠玉业小学

珠宝行业中的作坊老板和伙计、学徒，一般都是从小开始学生意，经济上也不甚富裕，没有读书的机会。随着经济的发展，业务的拓展，深感缺少文化的苦恼。于是在1928年和1929年间由同业张秉鑫、王友松、陆钧仁、顾竹君等人发起创办了一所珠玉业小学，暂借老公所北面侯家浜22弄内的几间余屋，因陋就简地招收了不少同业中人子弟入学，也吸收了一些附近居民的子弟，酌收一些学杂费，有困难的还可以免费就读。学生人数由最初的十几名，骤增至近百名，还组织了校董会，推举张秉鑫为董事长兼校长。

2．庆祝联欢

每年农历九月十三日，相传为周宣灵王玉祖先师的诞辰日，行业中届时如期举行庆祝联欢活动。是日上海所有从事经营珠宝玉器者均前往新老公所焚香礼拜，表达对先师的敬重与纪念。公所内张灯结彩，三天内任人参观。供桌上鲜花盛开，供品罗列。正中置“三镶白玉大如意”一柄，周围又排列有各种珠宝玉器精品，展示当年行业的丰硕果实。晚上则聚餐宴请，费用由大家凑份子。另有堂会演出招待，酒至半酣又有送财神之举，何人接到便是次年负责庆祝活动的主办者。

3. 年关躲债

过去的玉器作坊，能雇七八个师傅徒弟就是很风光的了。老板全年的口粮尽管到米行赊账，没人会有意见。但一到年关，老板还是得八方躲债。不是说玉器没有销路，而是拿到广东路文物商店经黄牛、掮客，凭借与外国水手、洋行买办的几句洋泾浜英语，狠心地赚取了大头，只给点微薄的辛苦铜钿。年关唯一可以换点钱的地方也就是将上等的好料和未曾完工的半成品到当铺、银行去兑现，救救急，有钱时再去赎回来。这天已经是腊月二十四日了，在四马路（福州路）长乐茶馆店，已经到打烊的辰光了，有位场主还是没有起身的意思，老板一看是熟客也不去催他。

因为要过年了，作场的伙计们一早便起来大扫除，作场内灶间、柴间到处堆得一塌糊涂，丢满了花花绿绿的边角小料。有个徒弟绰号叫"小瘌痢"的，翻垃圾时突然发现有一块一两千克重的仔料（卵石），拾起来一看是块不错的油光皮翡翠，马上拿去给师娘看，继而交给开料的陈大驼子，陈师傅一看，可能有点苗头，从上午 10 点钟开始就上桌凳用纤陀从中间开始截一刀，一直开到了下午 4 点钟，最后打开一看，里面是全绿。"快点找师傅。"在茶馆一筹莫展的场主听到消息，马上赶回家，经初步估算可做不少好的戒面。第二天茶馆店里全知道了，不少人愿出高价收购，他就是不肯卖，宁可送到银行里拿 2000 元回来还还债。回来后给了小瘌痢两块钱，买双球鞋过年。

4. 尿坑石珠宝店

同样是到了年关躲债的，有位作坊场主，实在被逼得走投无路了，便和徒弟说："我今天到湖心亭吃茶去，有人找就说师傅收钱去了，什么时候回来不知道。"徒弟讲知道了，师傅你放心走吧。到了天快黑的辰光，徒弟上茅坑，对着墙边一泡尿下去，竟然冲出一块乌沙料翡翠。洗干净一看，是块难得的好料，便直奔湖心亭告诉了师傅，师傅将信将疑的回到作坊。"死马当活马医"，连夜挑灯夜战，剖出来一看，高兴得连连叫"天无绝人之路"，发财了。后来果然凭借这块料竟然足够开一家珠宝店。这家珠宝店起名叫"尿坑石珠宝店"。

库有积金，廪有余粟。做珠宝生意的不能说大富大贵，但也可以是吃剩有余。当时有个老板叫朱大卫，在南京西路开了家珠宝店叫"大卫行"，三轮车坐到"珠玉彙市"，进场一急，两根大条子（20 两黄金）忘在三轮车上了。过了一会讲："算了。"这种老板就大了，当时易货交易，黄金带进带出不稀奇的。

5. 按老规矩做

过去有个作坊业主，无论徒弟问做什么事，只说三个字“老规矩”，久而久之，行业内送他一个绰号叫“老规矩”。自己做得并不好，但两个徒弟一个比一个做得好。有次“老规矩”交给徒弟一块石料，叫他做只牛。徒弟想先请师傅在料上画个轮廓，师傅一听火了，抽了徒弟两个耳光说：“你在乡下放牛出身，连牛是个什么样还要我来画，你要看牛到南阳桥杀牛公司去看。”结果这个徒弟潜心刻苦钻研动物，越做越好，名声大振。

6. 一对夜明珠

新中国成立之前从南京路外滩到西藏路一段，就是现在的南京东路，大小银楼珠宝店多达20多家。恒孚银楼这天接待了一位苏州人，送来一对双龙抢珠的金镯头，要兑现。按照当时的工艺，镯头是通过翻砂浇出来的，但上面镶的两颗大粒珍珠，极为珍贵，而且是夜明珠。但银楼老板从未见过如此大的一对夜明珠，隔行如隔山，一时也吃不准值多少钱。便叫员工陪同客户到斜对面的久昌珠宝店问问老板王迎寿看看，珍珠收的话就拆下来，金子交银楼回收。王老板一看那么好的珍珠，至少值两根大条子，便当场拍板，兑现成交。想过两天再到“珠玉彙市”去找买主。

说来也巧，当时正好哈同的老婆罗迦陵刚逝世，他们正到处派人要觅两粒夜明珠，好镶到绣花鞋上让她带走。王老板一看机会来了，便不动声色地派人去打听罗迦陵哪天落葬。到最后三天带一粒珠到市场里去亮相，哈同的手下要觅肯定逃不脱来珠宝市场兜兜。在落葬前的第三天，果然有人急于要一对夜明珠。王老板故作镇静地迎上前去：“我是有一粒，但你要一对不大好办，而且只有三天辰光，人家就是有，价钱也不肯便宜。”来的人口气很大：“价钱不是问题，事体要搞定，你也不要问什么人要。”王老板心知肚明，暗好笑：“侬不讲我也晓得。”

独一无二的一对夜明珠如期送达哈同帮办手上，到底几根条子成交，王老板闭口不谈。罗迦陵的丧葬费用去40多万洋圆，折成当时实物可购大米供3 000人吃上一年。王迎寿老板后来一直活到103岁。

7. 翡翠大宝塔

1990年的秋季，位于漕宝路上的上海玉石雕刻厂，收到一封来自美国洛杉矶的急电，要求及时派员前往修复在大地震中被震塌的“翡翠大宝塔”,并附一帧流光溢彩、精美绝伦的宝塔倩影照片。由于此塔系旧上海“珠玉彙市”的产物，遂将函件和照片转至上海珠宝玉器厂（珠玉彙市旧址上恢复生产珠宝玉器的全市唯一国家企业）。在跨越了半个多世纪后的今天，再次拨动起对历史往事的回忆。曾被1933年芝加哥《百年进步博览会》誉为最受人称赞的国际陈列品——“翡翠宝塔”确实是一桩颇费周折而很有故事性的事件。

芝加哥是美国第二大城市，地处中部，为美国东西交通的枢纽。它是在1833年3月4日正式登记为市镇的，到了1933年，适为100周年。于是决定举行一个国际博览会，命名为《百年进步博览会》。原定1933年5月开幕，10月底闭幕，后来延续了一年，直到1934年10月底才正式结束。主题是：一个世纪的进步。

1932年，南京国民党政府接受了美国政府的邀请决定参加这次盛会。并委派实业部部长陈公博为政府代表团总代表，组织了一个参展委员会。行府院通过预算，准发给40万法郎（当时汇价，约10万美元）作为参展经费，但财政部长宋子文，不知什么原因对于这项经费始终未予下拨，待到1933年春日军侵入热河后，宋子文借口热河军事紧急在行政院提议取消参加芝加哥博览会的经费，但并不提请外交部将取消参加意图通知美国政府。而民众对于参会的热情却持续高涨，于是积极要求赴会的团队大家聚到一起，在上海总商会召集紧急会议，请由全国商会出面领导组织一个“中国参加芝加哥博览会代表团”，推举全国总商会会长王晓籁为全国筹备委员会委员长。又推时任国民党政府驻纽约总领事张祥麟为总代表率团出国。至此，这个代表团已是民间组织性质，而不是以政府代表团的名义了，也无南京政府人员参加。

这次运往美国参展的物品包括：陕西省的碑帖，湖南省的湘绣和矿产，江西省的瓷器，福建省的漆器茶叶，广东省的陶器和象牙雕，浙江省的杭扇、美术伞和丝绸等。还有一个杂技团同行，准备在会场演出。最名贵的便是上海珠宝业的翡翠宝塔一座。塔有七级，式样仿照上海最著名的龙华古塔，高约50英寸(1.52米),底座直径约13英寸(0.4米),重约75磅(30千克)。底座三级台阶，完全仿照北京太和殿台阶样式，四周绕以镂雕的栏杆，可层层插嵌拼装脱卸。塔座台前，有三户牌楼一座，牌楼前置一对石狮。全景蔚为壮观，中间置有灯光，在灯火的映衬下，宝塔翠鲜绿肥，晶莹流灿。当时还去了一位玉雕艺人，携带脚踏手拉的玉雕设备和工具，在现场表演琢玉手艺，颇为引人注目。这是中国民间工艺在世界博览会舞台上的首次亮相。

自1900年（清光绪后期）至1936年底，是上海玉雕生产的兴盛时期。当时的代表作品有1915年制作的“珍珠塔”（现存普陀山博物馆），曾在巴拿马博览会上获得了超等工艺奖，珊瑚雕“独角龙”（现存上海博物馆），以及轰动上海滩和芝加哥博览会的“翡翠宝塔”（现存美国洛杉矶博物馆）。

“翡翠宝塔”的主人张文棣是个大学生，大老板。本人虽然不经营玉器生意，但很感兴趣，经常到老城隍庙福佑路、侯家路的珠宝市场里转转，结交了不少玉雕行业的朋友。1928年～1929年间，珠宝市场适有一批上等翡翠原料来沪兜售，因成交金额巨大，几个作坊老板想合伙把它买下来，议论当中大家提出是否请张文棣牵头，其他人以入股形式共同来开发，当时有四个老板愿意入股。其中有一个南京人叫顾贤池的，拉黄包车出身，卖过杂货、竹编制品，接触的人多，小时候念过几年私塾，也懂点珠宝。当年就是因为买了块好料之后发了财，生意做得相当大，有自备车、一幢石库门房子、全套红木家具，还养了五个儿子。每天到湖心亭吃茶，烧香拜佛。大儿子现在在美国，是顾在46岁时养的，小名就叫“四六”。改革开放之后，还到上海来找过全国玉雕特级大师关盛春先生。关老12岁从扬州来到上海跟姑父杨恒裕学做玉器活。而杨和顾又是极为亲密的好朋友。由于制作周期原定在五至六年时间，其他投资者熬不住都陆续退了出去。张文棣耗尽了所有的积蓄，感到前景渺茫。一听说博览会要在芝加哥举行，觉得机遇来了，但时间上有点来不及，便动员顾贤池找杨恒裕。杨先生当年已年届古稀，他对在一边静候的徒弟关盛春诉说道：“贤池说，张文棣要我合作，联合起来搞只翡翠宝塔，时间太紧，有些配件你就学着做做。”由于翡翠宝塔三级台阶护栏按照设计样本，均须镂空，并且是插嵌式的，难度很大，精度要求又高，活接下来之后，关盛春就帮衬着日夜加班加点地精工细作。在过了半个世纪后的今天，关大师仍记忆犹新，并翻出了当年不合格的配件原样让我欣赏。这是绿白体的地张，相当细腻，其中还隐隐带些紫罗兰春色，虽说水头（透明度）不够，但做成薄片后，却也晶莹剔透。新中国成立之后，张文棣的大女儿还曾将一些做宝塔剩下的边角料卖给了上海玉石雕刻厂。据关大师回忆，顾贤池后来吃上鸦片得了一种怪病，半夜里疼得急叫。当时已家徒四壁，猝死在马路上，连买口棺材的钱都没有。

翡翠宝塔在芝加哥参展后回到上海，一时找不到买主。1937年秋季曾在江湾首次向市民展出。后因“七七”事变又安排到新新公司为开张助

兴。翡翠宝塔的亮相，轰动了整个上海滩，直至是年 8 月 13 日子夜停办。展出时，英国驻上海总领事再三要求能否到伦敦展出，但张文棣提出要政府担保，一时定不下来。最后英国政府愿以 1 000 万美元的保价作为担保，该塔先后在伦敦、巴黎、纽约予以展出，在展出期间门票双方分成，当时每张门票至少在 4 美元以上，拥有者张文棣也因此出足风头，腰缠万贯。

8. 珍珠塔

珍藏于普陀山文物馆的“珍珠塔”，是在 1915 年间由上海珠宝首饰匠师们仿照上海龙华古寺对面的龙华塔式样儿精心制作的珠宝大件产品。整个塔用 3 648 颗珍珠、4 328 片翡翠以及部分日本深海珍珠串扎而成。曾在巴拿马博览会上展出，并荣获了超等工艺奖。

珍珠塔高 108 厘米，底径为 26 厘米，塔身呈八角形，共有七层。每层八个翘角都挂有翡翠制成的一口小金铃，全塔共计有 56 个。塔的每层依照八角形的立面，共有八扇可自由启闭的小门，门内又各有一尊金铸的弥勒像。

将珍珠、翡翠、黄金制作工艺熔于一炉，足以代表了 19 世纪初叶上海滩珠宝、黄金首饰行业的最高工艺水准，实为不可多得的佳品。

9. 上海滩钻石趣闻

对钻戒的认识，上海是国内起步最早的城市之一。上海也是拥有名贵首饰精品的藏龙卧虎之地。当年连李鸿章买首饰都要到漳川路（现今老城隍庙丽水路前身）上来寻觅。数年前笔者曾遇到一位老先生，拿出一只大钻戒要求鉴定一下，估估价值。事后闲谈中得知，他就是抗美援朝时曾捐献给国家一架飞机的上海滩最大的油漆厂老板。这只钻戒当时以 28 根“大条子”买入的，真是不说不知道，一说吓一跳。

还是在好几年前，有位老太太来到珠宝市场后，从裤腰带上解下一只陈旧的绣花荷包，随意取出一只 8 克拉多的钻戒要求鉴定。仔细一看净度、颜色、车工都是一流的，我当时愿出 100 万元收购（属笔者业务范围）老太执意不卖，离开时我提醒收妥帖，当心一家一当都在这只小袋袋里了。她嫣然一笑，轻描淡写地说道：“我家里十多克拉的钻戒还有好几只了。”真不知道是哪路神仙。

这不由得又使我联想到听老法师讲起过的一则小故事。旧上海，南京路、沙市路口（如今中央商场）有家珠宝店，有一天进来一位貌不惊人的老妇人，要买钻戒，珠宝店老板一看，见其穿着极其一般，就说："你要买钻戒，柜台内随便拣。"老妇人说："我看了许多地方，都不够分量。"老板转过身来，将信将疑地打开保险箱，托出一盘只只过硬的大钻戒再让她挑。此时她才从贴身口袋里拿出一只大钻戒，声称："比我这只好的我再买。"老板一看，讲："对不起，店里确实没有一只比得上它的，请你过几天再来，决不食言。"原来老太是上海滩独霸一方的"黄粪大王"，倒马桶出身，真可谓人不可貌相。

上海珠宝首饰行业历来在国内外享有美誉，建国之前金银珠宝店大大小小的共有406家，到公私合营时尚有88家，集中在南京路、淮海路、旧城厢内老城隍庙一带。当时有家珠宝店从某商人手中觅得一颗18.8克拉的"蓝白钻"，是溥仪宫内之物。该珠宝店以每克拉三根金条的价格（合当时3 000多元／克拉）吃进，嗣后通过上海珠宝进出口公司以美元成交卖了个好价钱。

在珠宝鉴定中，往往会获得一些意想不到的信息和亲眼目睹某些难得一见的稀奇古怪的珍品。有一次鉴定站来了位客户要求鉴定一颗翠绿色的艳钻，其外径在14毫米以上，足有一分硬币般大小，重量在10克拉左右。同样品位一颗2克拉的翠绿色艳钻，其标价当时在20多万元人民币，如此硕大彩钻，其价格绝对不菲。

建国初期，上海磨钻厂（现在的上海钻石厂）曾接到外贸部门送来的一颗重达66克拉的金刚石原料要求琢磨成钻石。当时磨钻水平还只是停留在旧钻改坯更新阶段。于是在厂长张涌涛先生的亲力亲为下磨钻厂自行设计并成功试制出了国内第一台剖钻机，并自行设计出坯，加工出一颗重达28.79克拉的长方钻及两颗分别重达5.51克拉和1.61克拉的圆钻。还有一颗重达20.72克拉的原石，也被成功琢磨成一颗7.87克拉的圆钻。一时"上海工"名声大振，被国际公认为世界一流的好工。

10．"廾二万种"翡翠的来龙去脉之一瞥

宝石当中，除了钻石以外，最受华人宠爱的还数翡翠。它的产地现主要在缅甸，那儿常年瘴雾笼罩。我国云南腾冲、瑞丽一带，也有少量产出。

先前只有云南人到缅甸产地采购整块原坯璞石，加工成片子或小块，然后携到广东出售，顾客大都是上海去的客人。材料大部分也只是新种翡翠，坑口嫩、水头短，老种的很不容易找到。在19世纪末，上海到广东去采购翡翠的有金原记、金原康、董阿大等。购进的截片、截块携带到上

海向同业出售，或者由自己开的工场加工制成各种款式物件。民国初年，王蓉初去广东，碰到一位云南腾冲人王少和，两人谈得很投机，结为深交。之后一同来到上海，王少和是最早到上海的云南客户。后来王少和之弟王绍岳，以及许子初、刘采鸿、刘金鹤等人携带璞石原料先后来上海。经过一个相当的时期后，云南人已不到广东去做生意，而是直接携带整块的璞石原料来沪兜售。云南人王振坤兄弟俩，为了一块价值 32 万元的翡翠材料发生争执，经人调解不成，向法院起诉。拖延多年不能解决，最后由法院判决，作为公物没收。北京人沙云五曾购进从该原石中切下的小小一块璞石做成两块插牌，翠绿浓厚，水头充足，后被美国人出价 24 万美元购去。这两件事是当时行业中人谈论的重要新闻，亦是兄弟阋墙之戒。

行业内称石料的质地为“种”，卅二万种就是以 32 万元成交的璞石原料，以后凡是从此料截取做成的成品皆称此种。如当时有两块新种原料，是用 8 586 元购进来的，就称其为“八五八六”，这是行业中的术语。卅二万种，是四块翡翠大料，新中国成立前一直存放上海外滩银行地下室内。

接下去的故事，《解放日报》记者陆黛曾经以“卅二万种”传奇为题，发表了长篇通讯。在最后一小节“谜底留给历史”中报道：“全文似乎已经结束了，但对‘卅二万种’又来自何方？是谁将这一整料切成多块的？土豆状的宝石上被削去的一块又在哪里？为什么取名‘卅二万种’？一句话，在这块宝石的来龙去脉上还有不少谜底有待解开。”

1955 年 4 月 23 日，16 次京沪列车在夜色中疾驶……在这趟普通列车中部有一节“全封闭”邮政车厢。车上存放有三只加封的木箱和一只加锁帆布袋。木箱内正是从上海外商银行地下金库里发现的四块翡翠大料。次日凌晨六点，列车驶进北京站，月台上已停着一辆接站卡车，由军人押送。当时北京玉器厂出了名的、被称为玉雕“四怪”之一、以雕琢“怪罗汉”著称的大师王树森正好出差要去参加一个会议。在北京车站看到了标有“卅二万种”字样的翡翠搬运过程。当时他是全国劳模，又是北京人大代表，在人大开常委会时，一次次地从自己年过六旬讲到一生夙愿，从“好玉千载难逢”讲到立志报效国家，提请大家帮忙找一找“卅二万种”。他多次给周总理写信，要把搁置的好翡翠拿出来作为国宝。1980 年 6 月 5 日《北京晚报》刊出了《宝石何在？》一文，向社会呼吁，请知情者提供寻找这块巨大翡翠下落的线索。

四天后，北京玉器厂厂长室来了位不速之客，说是来提供宝石下落的。王树森欣喜若狂。原来那位客人是国家物资储备局的处长，叫瞿维礼。当年在北京车站接车的就是他。“别急,我守了它25年,宝石安然!”25年前,瞿维礼根据周总理的指示,负责保管这四块宝石。由于存放库房属于军用仓库,宝石无从入账,于是在大仓库里特意为它盖了间小房子,每天都有值班人员至少检查一次。年复一年,瞿维礼由保管员升为科长、处长,宝石却始终静静地躺在那里。红卫兵扫除一切那年,翡翠被悄悄地拉出京城,存放在河南山中的一个洞库里。6年后,宝石又回到了北京“故居”。四块翡翠最小的一块重77.8千克,最大的一块363.8千克,拼凑在一起像个大土豆,只是留下个被削掉一片的痕迹。有一块宝石上赫然写着四个黑色小字“卅二万种”。1982年11月9日,四块翡翠大料在警车护卫下来到北京玉器厂。王树森不仅将厂内的老中青三代设计人员请到家中,而且在当时文化部一位副部长的支持下,把全国玉雕同行中的佼佼者也请到北京,共同出谋划策。上海派出了享有“南玉一怪”之称的玉雕全国特级工艺大师关盛春老先生。前几年我有幸聆听他谈起当年参加设计时的情景。大师两眼生辉,手舞足蹈地向我比划着:一块像八仙桌一样的扁平大料,太好了。我当时就建议开成片子做插屏。那块翡翠就是4号料。后来果然做成了当今世界最大的翡翠插屏《四海腾欢》。

还有一块就是最大的1号料。它是个三角形的锥体,上面满是俏色。关老也为此几易其稿设计了名为“五谷丰登”的图案。这块料就是后来做成的《岱岳奇观》。2号、3号料后来做成了香熏和花篮。为了这四件国宝,设计人员前后共画出78张图纸,提出39个方案。为了1号料做成大山,北京玉器厂的主创设计人员陈长海在肝硬化的情况下日夜备战,旧病复发两个月后,永远离开了那座“泰山”。分厂厂长张志平也是主要负责人之一,他在最后一次在众人的半抱半扶下,仔细查看了即将完工的“岱岳泰山”后的几个星期也紧跟着撒手西归了。

瑰宝出中华,神工昌盛世。1989年岁末,四件翡翠国宝进行了完工验收。张劲夫率领着部长们和全国顶尖的专家、教授,浩浩荡荡地开进了会场。验收委员会文件中这样写道:四件翡翠作品原料之贵重,创作之精美,都是古今中外所未有。验收会上,张劲夫不胜感慨,即席吟诵:“四宝唯我有,炎黄裔胄共珍藏。”而今四件国宝已珍藏于中国工艺美术馆,千秋传诵,万世永载。

附录三 银楼业在上海的诞生与发展

真正的银楼，据旧志记载，应是在明代嘉靖初年诞生，当时的松江府有一家专门加工销售银器的作坊，店主叫孙克弘，民间俗称“银楼”。他的儿子孙雪居是举人，当过汉阳太守，隐退后寓居海上，子承父业，在上海开出了第一家银楼。所作银镶器皿，手艺高超，青出于蓝而胜于蓝。白银在当时是流通货币，但将它制成饰品或日用工艺品以后，它的附加值得到极大提升，价值是银价的数倍，银楼业便应运而生。清初的上海也曾有位姓张的牙科医生，由于擅长制作金牙齿，后来也转行开了银楼，他所制作的银器，价格可以是白银的好几十倍。老百姓评价他是：“精治银推张六官，指环酒器制多般，白银白亏龙钩一，价值朱提（高质量银子的代称）廿四拼。”但上述银楼也仅为小型作坊。

海派首饰始于明代晚期，1644 年松江县城内出现了第一家“日丰金铺”。上海老城厢迟至乾隆三十八年（1773 年）始有第一家银楼“杨庆和”出现，十年后又有“老庆云”银楼开张。道光后裘天宝、费文元、方九霞、庆福星等先后成立。如今名闻遐迩的老凤祥银楼也是在道光二十八年(1848 年）始创于南市大东门，光绪十二年（1886 年）迁到望平街（山东路北面），取名老凤祥银楼。老凤祥三字有两层含义：“老”表示资深，足以信赖；“凤祥”隐喻有凤来仪，吉祥如意，象征女性的至善臻美，故用丹凤作品牌标记。迁入南京路后，已由当时的作坊发展为多品种经营的大店、名店。经营产品有金银首饰、中西器皿、宝鼎星徽、翠钻珠宝及精致的礼品、贺匾等。

同业之间的竞争既刺激了行业的发展，也同样促进了自主经营，鉴于各自的利益和规模大小，便形成了一组松散型的同业团体。规模大的同行团体自称“大同行”，规模小的则称“小同行”，新组建的又称“新同行”。同业之间既保持某种默契，又相互钩心斗角。部分行业中人有将非足赤金冒充足金销售，不仅损害了顾客的利益，也影响了行业的声誉。当时南市大兴街因大量制作、销售仿冒的金银首饰而著称，故上海人将仿冒不正宗的货品，冠以“大兴货”；说话不负责之人则称为“开大兴”。由此，清政府遂出面干涉，订立行规：凡出售的金银首饰必须加盖银楼名称，制作人代号，以及成色的印记，凡不符合要求的将处以重罚。为了保证该措施落实到位，必须要有一个监管机构来当老娘舅。早在光绪十八年（1892 年），上海的银楼业曾在旧城厢的薛弄底街内建立了一个“金银实业公所”堂额曰：“凝仁堂”。当时众议规则，约定了银楼业大同行、小同行、新同行之间的权利、义务及相互关系，此为全市第一个统一的银楼业民间社团组织的雏形。有了同行公会后，上海大同行九大银楼的杨庆和、裘天宝、费文元、方九霞、庆福星、凤祥、宝成、庆云、景福的联盟地位基本确立。

上溯至咸丰七年（1857 年），行业曾订立过一个开设分号的游戏规则，提出每一银楼除在本店外，可另开设两家分店，即一家银楼可挂三块招牌。最早用于分店招牌的是历史悠久，名气较响的银楼，像杨庆和福记、杨庆和久记、杨庆和发记；凤祥裕记、凤祥和记、凤祥德记（老凤祥、新凤祥、凤祥）；方九霞永记、昌记、新记；裘天宝德记、礼记、仁记。当时牌号用的最滥的是老天宝银楼，共开了 13 家。

20 世纪初叶，至 1909 年（宣统元年），上海只有 18 家银楼；到了 1918 年已拥有银楼 52 家，珠宝店 76 家，外商开设的首饰行 19 家；1930 年银楼有了 65 家，而珠宝行减少到 39 家，外商首饰行维持在 18 家。抗战胜利后，上海仍有 200 多家银楼作坊，员工数在 3 000 多人。当时一般银楼黄金日销量可达 100 两左右，如“裘天宝”，一天最多卖出过 3 000 两；“老凤祥”最多卖出过 1 000 两。

正宗的老凤祥银楼在南京东路 432 号，是在光绪三十四年（1908 年）随着大马路（南京路）的开辟和繁荣，才从望平街迁入该处。目前钢骨水泥结构的西式楼房是 1930 年经重新翻造后的店面。原来楼上是工场间，铺面以陈列产品实样为主，地下室则是库房。1947 年国民党政府推行经济紧急措施，市场萎缩，市面上炒卖黄金猖獗，至年底职工被陆续解雇。歇

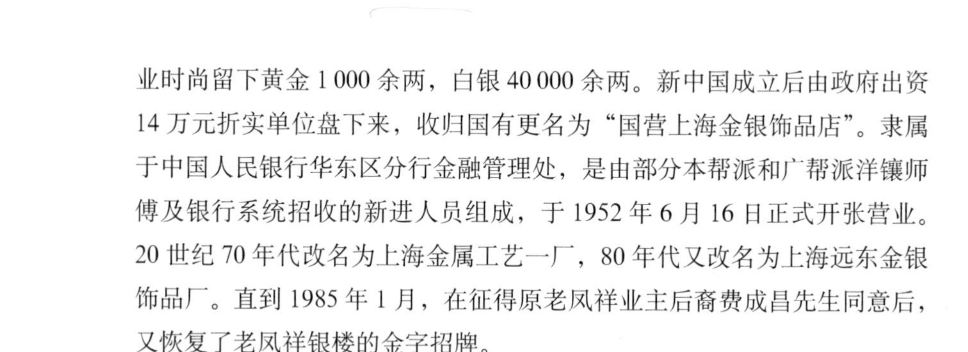

业时尚留下黄金 1 000 余两，白银 40 000 余两。新中国成立后由政府出资 14 万元折实单位盘下来，收归国有更名为“国营上海金银饰品店”。隶属于中国人民银行华东区分行金融管理处，是由部分本帮派和广帮派洋镶师傅及银行系统招收的新进人员组成，于 1952 年 6 月 16 日正式开张营业。20 世纪 70 年代改名为上海金属工艺一厂，80 年代又改名为上海远东金银饰品厂。直到 1985 年 1 月，在征得原老凤祥业主后裔费成昌先生同意后，又恢复了老凤祥银楼的金字招牌。

新中国成立以后，1954 年开始，金银首饰少量出口苏联及东欧各国。1957 年，通过广交会开始批量出口，60 年代初出口量逐年递增，70 年代主要是销往港、澳地区，东南亚和东西欧一些国家和地区，1990 年开始外销中东地区。1982 年，中国人民银行和轻工业部批准恢复内销黄金饰品。同年 8 月,上海远东金银饰品厂（代号“沪 C”)、上海宇宙金银饰品厂（代号“沪 D”）率先起步,10 月 1 日上市试销。1984 年上海环球饰品厂（代号“沪 A”)、上海珠宝玉器厂（代号“沪 B”）与上述两家企业，被列为国家黄金生产定点单位，号称“四大金刚”。1990 年，上海工艺美术公司首饰研究所（代号“沪 E”）也被批准为黄金生产定点单位，上海工艺美术公司所属四厂一所，再加上上海造币厂（代号“上币”）和虹口集管系统的上海珍宝金银饰品厂（代号“上宝”)，沪上经国家批准的黄金生产定点单位一共是七家。

招牌用银楼或金银珠宝店，这是有区别的。银楼是指“前店后工场”，持有生产许可证和批发经营权的单位，像斜土路 2420 号的“老凤祥银楼”（1985 年 1 月开张)、宛平南路口的“宇宙银楼”（1992 年 9 月 8 日开张)、河南路广东路 434 号的“环球银楼”、上海珠宝玉器厂设在人民路 423 号的“申龙银楼”（1991 年 10 月开张)、首饰研究所开设在南京路福建路口的“嘉龙银楼”（1993 年 1 月开张）以及四川北路 789 号的“珍宝银楼”等。没有生产许可证和批发经营权，仅有销售许可证的经营单位就只能称金店，如“老庙黄金”、“亚一金店”、“九洲黄金总汇”等。二者还是有内在区别的。而同样是老字号的裘天宝银楼，在 20 世纪 90 年代，由青浦县政府出面想要恢复该银楼的招牌。可惜运气没有这么好，只能在小东门中华路、人民路交界处的方浜路童涵春对面，借鞋帽公司的场地，开了爿“求天宝银楼”，被同行戏称“赤膊上阵”（“求”和原来的裘天宝招牌相比，底下少个“衣”），由于金价的跌宕起伏，不久便歇业了。过去的前大街，也就是今日的方浜路东段，素有“金银珠宝街”的美称。在恢复国内黄金销售之后，也确实出现了一时金店扎堆的情景，从东门路起，前后有方九霞、求天宝、唐城（卫生系统)、福禄寿（公安系统)、瑞祥（银行系统)、豫城（农场系统)、鑫舟（三航局）等近十家。全市的销售网点，1990 年统计是 78 家，1991 年是 110 家，1992 年是 130 多家。当时金价波动，资金拮据，形势并不乐观，据说丽华公司金店开张第一天只卖出一只方戒。

几度春秋，几经风雨。清末民初时，银楼的归属也是相当坎坷。由最初的“金银实业公所”(1892 年)，到光绪二十二年（1896 年）在大东门重建“同义堂”银楼公所,至 1931 年改组为“上海市特别银楼业同业公会”。在历经分久必合、合久必分之后，又出台了一项新的规则。除大同行限开三家同名银楼之外，其余不受限制。银楼为争招牌也是官司不断。20 世纪 40 年代中期,上海老北站近河南路处,一家新设的“重庆裘天宝银楼”开张，大亨黄金荣亲自到场祝贺,当红影星陈燕燕为之剪彩,“力升”不可谓不大，同行的三家裘天宝银楼不买账，非要同它打官司。由于有同行公会出面撑腰，没过几天，这家金店被迫摘牌落幕。

1944 年全市银楼统计数为 97 家，1947 年增至 152 家，从业人员在 4 000 人左右。如今南京路丝绸商店的房子，过去就是裘天宝银楼的原址，包括协大祥、宝大祥的房子，过去也都是珠宝金银首饰店门面。新中国成立后，相当长的一段时期，首饰行业划归上海工艺美术公司领导。上海工艺美术公司分管下属 70 多家企业，包括黄金珠宝首饰行业。该公司创建于 1956 年，在完善实体性公司过程中，于 1993 年 4 月 6 日，在上海文艺会堂举行了上海工艺美术总公司的揭牌仪式。此时共拥有核心企业 16 家，紧密型企业 8 家，成员单位 31 家，中外合资企业 8 家，浦东外高桥保税区企业 1 家，境外企业 1 家。

直至 1996 年 4 月 20 日，由上海老凤祥首饰总厂（事前上海环球金银饰品厂已并入上海远东金银饰品厂)、上海宇宙金银饰品厂、上海珠宝玉器厂、上海工艺美术总公司首饰研究所、上海大同行首饰汇市等五家企业组建成上海老凤祥有限公司，揭牌仪式在南京路海仑宾馆进行。

上海珠宝玉器厂归属老凤祥集团公司后，1998 年夏天，在川沙镇开设了上海浦东新区第一家老凤祥银楼分号；相隔一个月，又在嘉定清河路开设市郊第二家分店。现在金店比米店多，早已是不争的事实。老凤祥集团在全国已有数十家连锁银楼和几百个销售网点。老庙黄金也开出了几十家连锁分店，网点遍及全国各地。改革开放以来，国外和港、澳、台地区的金银珠宝企业纷至沓来。香港周大福、周生生珠宝金行在上海也拥有几十家连锁店。行业的百花齐放、百家争鸣局面，达到了前所未有的盛况。

我国黄金珠宝首饰已从少数人的保值、高档奢侈品，变成寻常百姓追求时尚的耐用消费品。1999 年黄金珠宝市场销售额已达 800 亿元人民币，其中黄金饰品销售总量为 210 吨，成为拉动内需的一个重要组成部分。截至 2000 年，我国已有黄金定点生产企业约 500 家，珠宝玉器生产企业 4 000 余家，钻石加工企业发展为 70 多家。个体生产经营企业 2 万多家，从业人员达 300 多万。钻石年销售额在数百亿元人民币。中、低档宝石饰品的年销售额也超过 200 多亿元人民币。